승마장 계획의 이론과 실제

승마장 계획의 이론과 실제

초판 1쇄 인쇄 2010년 04월 15일
초판 1쇄 발행 2010년 04월 20일

지은이 | DSK말사랑호스타운
주소 | 서울특별시 서초구 1425-11 혜준빌딩 2층
홈페이지 | www.malsarang.co.kr

펴낸이 | 손형국
펴낸곳 | (주)에세이퍼블리싱
출판등록 | 2004. 12. 1(제315-2008-022호)
주소 | 157-857 서울특별시 강서구 방화3동 822-1 화이트하우스 2층
홈페이지 | www.essay.co.kr
전화번호 | (02)3159-9638~40
팩스 | (02)3159-9637

ISBN 978-89-6023-352-2 13690

이 책의 판권은 지은이와 (주)에세이퍼블리싱에 있습니다.
내용의 일부와 전부를 무단 전재하거나 복제를 금합니다.

에세이 작가총서 274 | DSK말사랑호스타운 지음

승마장 계획의 이론과 실제

말은 달려봐야 알고
　　사람은 친해 봐야 안다

「農漁俗談辭典」(宋在璇 엮음, 東文選, 1995)

[DSK말사랑호스타운 전경]

격려사

　승마의 역사는 인류의 역사라 해도 지나친 감이 없을 것입니다. 자동차가 나오기 전까지 말은 인류의 주 교통수단이었습니다. 자동차시대가 열리면서 전통적인 승용 개념은 사라졌지만 유럽에서 일부 부유층의 스포츠로 꾸준히 사랑을 받았습니다. 통상적으로 소득 2만 달러 시대에는 골프를 즐기지만 3만 달러 시대가 되면 승마로 옮겨간다고 합니다. 최근 우리나라도 소득수준이 높아지면서 승마에 대한 관심이 높아지고 있습니다.

　승마를 포함한 말 산업은 국가 경제적으로나 국민건강 및 레저 등 여러모로 중요한 산업입니다. 말 3필에 한 명의 고용창출 효과가 생기고, FTA의 파고를 이겨내는 농가의 신 소득원으로 주목받고 있습니다. 체험형 승마는 농어민에게는 소득창출을, 도시민에게는 레저와 건강, 가족 간의 화합을, 재활승마는 질병으로 고통 받는 사람들에게 재활의 기회를 제공하기도 합니다. 경상북도는 세계대학생승마선수권대회를 계기로 승마산업을 새로운 성장엔진으로 만들기 위해 다각적인 노력을 기울이고 있습니다. 자연으로부터 동떨어진 인위적 환경에서 사는 도시민들이 대자연속에서 산악승마, 강변승마, 해변승마, 말 시승 등을 통해 심신의 균형과 삶의 보람을 누릴 수 있도록 준비하고 있습니다. 정부도 「말산업육성법」의 제정을 서두르는 등 말 산업 육성에 정책적 지원을 아끼지 않고 있습니다.

그동안 많은 분들이 승마장 설치 및 운영사업에 지대한 관심을 가지고 있었으나 참고할 만한 서적이 전무하여 깜깜한 밤에 등불을 들고 걷는 형국이었습니다. 그야말로 경험법칙이나 시행착오 전언을 통해 승마장이 건설되어온 것도 사실입니다. 이에 대한 연구와 관련 산업 준비는 턱없이 부족한 실정입니다. 과학적이고 체계적인 데이터나 지식이 부족하여 자칫 모처럼 일고 있는 승마수요를 맞추는 데 한계가 있을까 우려되고 있기도 합니다.

이런 점에서 ≪승마장 계획의 이론과 실제≫ 발간은 그 토양의 척박함을 고려할 때 놀라운 성과입니다. 말 산업에 대한 비전을 가지고 매진해 온 많은 관계자들에게 이 책이 주는 위로와 방향 제시는 큰 힘이 될 것입니다. 이번 발간은 첫 술에 배부를 수는 없지만 그 시도 자체가 큰 가치가 있고 찬사를 받을 만한 일입니다. 앞으로 실제 경험 및 설계사례를 추가하고 한국형 승용말 산업에 특수한 내용들이 점차 보완되어야 할 것입니다.

경상북도와 DSK 추풍령 말사랑호스타운의 선구자적 노력이 결합하여 높은 산에서 굴린 눈이 집채만큼 커지듯이 일취월장 우리나라 말 산업을 선도해 나갈 것을 기대합니다. 집필을 위해 자료를 모으고 반듯한 책으로 엮어내신 김응교 박사를 비롯한 집필진 여러분 및 관계자 여러분의 노고를 치하하며 대한민국 말 산업의 새로운 지평을 여는 선구자적 역할을 다해 주기를 기대합니다.

2010년 2월

경상북도 도지사 김관용

추천사

'건축은 생활을 담는 그릇' 입니다. 국민 생활의 변화에 따라 새로운 건축물들이 설계되고 있습니다. 정부는 「말산업육성법」을 통해 국민생활체육으로서 승용말산업의 육성 및 활성화에 박차를 가하고 있습니다. 이에 따라 말과 레저, 그 산업 연관을 잘아는 건축사가 승마장 시설계획을 의뢰받는 기회가 늘어나고 있습니다. 마사회의 2012년 말산업 전망을 보면 승마장 수는 현재 200여개에서 500여개소로 늘어나며, 승마 인구는 2만명에서 5만명으로 곱절도 넘게 늘어날 전망이며 말두수도 현재 25,000여두에서 50,000여두로 획기적으로 늘어날 전망이라고 합니다.

「건축법」에서는 관람석의 바닥면적이 1천제곱미터 이상의 경우 운동시설로 허가하고 있고 3,000제곱미터 이상의 실외마장 또는 1,500제곱미터 이상의 실내마장은 「체육시설의 설치·이용에 관한 법률」로 구분되어 관리되고 있습니다. 소득이 2만불에서 3만불시대를 맞이하면 골프에서 승마로 생활체육의 중심이 옮겨간다고 합니다. 독일의 경우 승마인구가 170만명, 프랑스의 승마인구가 150만명에 이른다고 합니다. 앞으로는 아파트 설계에 못지않은 마장 마사 계획능력이 요구될 것으로 예측됩니다. 그러나 건축사는 물론 일반인이 승마장 시설을 계획하거나 짓고자 할 때 손 가까이 참고할 수 있는 실용 안내서가 전무한 실정입니다. 이러한 때에 지난 해 경상북도 및 경북대학교와 손잡고 '승용말 산업 육성 협

약'을 체결한 김천시 봉산면 백두대간에 위치한 약 10만여평의 DSK말사랑호스타운목장에서 DSK엔지니어링 기술연구소와 합동으로 ≪승마장 계획의 이론과 실제≫라는 실용서를 발간하게 된 것은 사계에 디딘 첫발로 크게 환영하고 축하하는 바입니다. 참고할 만한 국내 연구가 전무한 척박한 실정에서 DSK 호스타운에서 일반인은 물론 전문가들도 곁에 두고 크게 참고할 만한 책을 발간하게 된 점은 건축설계업에 종사하는 일인으로서 그 효시로서의 노력에 크게 감사할 일입니다.

　이 책의 발간을 통해 승마장 시설의 설계 및 건설 분야에 우리 건축사들도 더 많은 관심을 가지고 참여하여 승마와 레저와 웰빙이 결합된 진정한 국민생활체육으로서의 승용말산업이 활성화되는 데 함께 기여할 수 있기를 기원합니다. 앞으로도 본 연구를 디딤돌 삼아 더욱 자료를 보완하고 실제 사례를 보완하여 DSK말사랑호스타운이 우리나라 승용말산업을 이끌어가는 선도기업으로 우뚝 설 것을 확신해 마지 않습니다. 임무는 중하고 길은 멉니다(任重而道遠).

　감사합니다.

2010년 2월
서울특별시건축사회
회장 김영수

머리말

이제는 **승용말 산업**이다

　도심에서 자전거를 타고 달리는 시민들이 부쩍 늘었다. 자전거 길도 늘고 있다. 불과 몇 년 사이에 등산, 인라인스케이트, 올레길 걷기 등 녹색생활의 붐이 일고 있다. 뒤이어 말 타기 붐도 일고 있다. 보는 경마(Horse racing)에서 즐기는 승마(Horse riding)로 옮겨가고 있다. 전국 방방곳곳에 승마장이 들어서고, 산악승마장, 해변승마장, 재활승마장도 곳곳에 들어서고 있다.

　정부는 저탄소녹색성장을 녹색생활로 이어지도록 정책의 초점을 맞추고 있다. 이에 말 산업을 FTA 개방에 대비한 농가의 새로운 소득원 및 신성장 동력 및 고부가가치를 창출하는 복합 산업으로 정의하고, 「말산업육성법」을 제정하여 국민체육 및 건강증진을 위한 생활승마 활성화에 매진하고 있다.

　국민소득이 2만 달러를 넘어서면 골프에 이어 승마와 요트가 각광을 받는다. 독일의 승마인구가 170만 명, 프랑스는 150만 명으로 추산되고 있다. 정부의 정책에 발맞추어 각 지자체도 승마산업을 활성화하기 위하여 승용말 육성센터와 승마장 건립에 나서고 있다. 말산업의 인적, 물적 인프라와 외형이 크게 확대되고 있다. 그동안 말 산업은 경마 및 승마의 두 축으로 발전해 왔으나 경마의 축이 워낙 커서 승마의 축과 균형이 맞지 않았다. 이제 생활승마는 새로운 조명을 받고 있다. 생활승마는 신체단련은 물론 정신단련에도 좋은 국민생활스포츠로 손색이 없다.

　이제는 모든 국민이 쉽게 탈 수 있는 승용말, 장애인을 위한 재활승마, 가족 모두가 즐길 수 있는 가족형 승용 말이 생산, 육성 보급되어야 한다. 또한 '말'의 사양(飼養)관리와 보건(保健)관리도 체계화하여 보급해야 한다. 또한 '인간'과 '말'이 쾌적하고 즐겁게 생활하고 즐길 수 있는 승마장 시설계획의 말건축환경학적인 기준을 정립하여야 한다. 말의 생리와 행동학적 이론에 적합한 표준화된 시설이 필요하다. 마장과 마사는 무엇보다 말의 휴식공간이자 생활공간이며 말과 인간이 함께 교감할 수 있는 쾌적하고 아늑한 공간이 되어야 한다. 말은 자연에서 길들여진 동물이기 때문에 말의 생태학과 관련하여 적절한 공간적 구성을 갖추어야 한다. 이른바 말 건축 환경학에 따른 마사의 계획적인 설계가 필요하다.

　DSK바이오텍영농조합법인의 말사랑호스타운은 경북 김천시 봉산면 상금리 백두대간 옆에 위치하고 있으며 또한 사람과 동물의 건강에 좋다는 해발 600~700고지에 위치한 10만여 평의 초지에 조성된 승용말 육성 목장이다. 말사랑호스타운은 미래 승마산업 인프라구축에 대한 절실함과 확고한 비전을 가지고 그동안 꾸준히 승용말 육성사업에 대한 노하우를 연구하고 구축해왔다. DSK말사랑호스타운(Horsetown)은 전원적이며 목가적인 풍경과 자연환경이 잘 조화된 음악의 선율을 전해주는 포근하고 잔잔하며 있는 그대로의 자연친화적인 아름다운 목장이다. 또한 목장은 고유 브랜드로 한국지형에 적합한 한국형 전문 승용말 생산, 육성, 인공수정, 말 사료개발, 승마도구유통 등 말산업 전반에 걸쳐 많은 준비를 해 왔다. 국민 모두가 체험 스포츠로 즐길 수 있는 한국형 산악승마장도 개발 운영할 예정이다. 이러한 승마시설 과정에서 승마시설에 대한 계획과 실무에 체계적이고 이론적으로 도움이 될만한 참고 도서를 편집할 필요성을 크게 느끼게 되어 본서의 편집에 나서게 되었다. 조금이나마 마장 시설물, 즉 승마장의 계획과 건설에 도움이 되었으면 하는 바람으로 책으로 엮었다. 계속 보완해 실질적인 매뉴얼이 되게 개정할 것을 약속드리며 미약하나마 초고를 정리하여 세상에 내놓는다.

끝으로 이책의 완성을 위해 적극 지원해 준 경상북도 김관용 도지사님과 김철순 말산업육성 팀장님, 서울특별시 건축사회 김영수 회장님, DSK 그룹내의 이상명 전략기획본부장(PMP), DSK바이오텍 영농조합법인의 백인규 본부장(농학박사), DSK엔지니어링 권해준 기획상무, 토건사업본부장 전종원 상무(시공기술사), DSK 종합건축사 사무소의 이영일 소장(건축사), 김준완 대표이사(건축사)와 DSK바이오텍 기술연구소의 연구원 여러분, 그리고 실무를 맡아 예쁜 책으로 엮어낸 홍보실 이미진 사원에게 진심으로 감사드린다.

2009년 12월 세밑에
DSK바이오텍영농조합법인(말사랑호스타운)

대표이사 공학박사 김응교

Table of Contents

격려사 _ 6
추천사 _ 8
머리말: 이제는 승용말 산업이다 _ 10

제1장 **인간과 말** _ 17

1. 인간과 말 _ 19
2. 말의 기원 _ 21
3. 우리나라 말의 유래 _ 23
4. 말의 품종과 용도 _ 26
5. 승용말 문화 _ 33

제2장 **말의 습성과 행동** _ 37

1. 말의 습성 _ 39
2. 말의 행동 _ 43
3. 말의 섭식 특성 _ 46
4. 말의 소화기관 및 주요영양소 _ 48
5. 말의 나쁜 버릇 _ 54

승마장 계획의 이론과 실제

제3장 승마장 계획의 환경요소 _ 61

1. 외부환경요소 _ 63
2. 내부환경요소(실내마방 계획) _ 96
3. 소방계획 _ 132
4. 환기계획 _ 139
5. 바닥 및 배수 _ 146
6. 마분처리시설 _ 148
7. 기타 계획요소 _ 154

제4장 보조시설 _ 157

1. 클럽하우스 _ 159
2. 관리실 _ 162
3. 간이병동 _ 164
4. 말 보행기실 _ 166
5. 방목장 _ 168

제5장 승마장 배치계획의 실례 _ 171

부록 DSK추풍령 말사랑호스타운 _ 181

제1장

인간과 말

1. 인간과 말

말은 인류와 오랜 세월 함께 해왔다. 수렵 및 농경 시대에는 이동과 운송의 교통수단으로 이용되거나, 농경가축으로 쓰이는 것이 주된 용도였다. 이후 청동기의 발전에 따른 고대국가의 출현으로 말미암아 말은 교통수단을 넘어 국가 간의 핵심 전쟁도구 즉 군마(軍馬, warhorse)로 적을 신속히 공격하고 기습하는 전투력으로 이용되었다.

TV 사극에서 흔히 보듯이 유럽 등에서 기마병, 철기병, 기사 등 전쟁과 통치에서 기병(騎兵)의 위치는 압도적이었다. 말을 타고 이동하고, 지휘하고, 공격하는 등 전투 도구로서의 용도가 크게 부각되었다. 그러나 과학의 발달과 더불어 전마(戰馬)를 대체하는 각종 신무기의 개발로 말은 전투력으로서의 그 가치를 잃어갔다. 이제는 아무도 말을 전쟁의 도구로 생각하지 않는다.

자동차 문화가 발달하고 항공산업이 장거리 이동수단으로 되면서 말 산업은 경마위주로 흐르게 되었으나 근자에는 말이 다시 생활의 중심으로 새롭게 주목받고 있다. 현재 전 세계에서 사육되고 있는 마두(馬頭)는 약 5,500만 마리인 것으로 추산되고 있다. 외국의 말 산업을 보면 경마를 주축으로 승마, 트레킹, 장애인 재활치료, 청소년 정서교육, 문화행사, 축제 등 활용분야가 점차 확대되고 있다. 선진 각국은 경마 이외에 승마를 적극 권장하여 국민 생활 체육으로 발전시켜 나가고 있다. 독일은 2차 대전 후 농가소득 증대의 일환으로 승마산업을 시작하여 현재는 매출규모가 약 20조원에 달하는 세계 최고의 승마선진국으로 발전하였다. 프랑스는 승마가 생활체육중 3번째로 축구, 테니스 다음에 승마가 위치하고 있다. 일본은 세수증대와 도시민 여가선용 차원에서 육성하여 1천여 개의 승마장이 있으며 승용마의 생산 및 육성을 체계적으로 추진하고 있다. 골프가 다소 정체되고 있는 방면 미국, 유럽, 일본 등에서 승마인구는 가파른 상승세를 이어가고 있다. 세계 10위권의 경제대국으로 급성장한 우리나라도 이러한 선진국의 사례에서 보듯이 '승용말산업'이 본궤도에 오를 것으로 예상된다.

도시의 복잡한 생활을 잠시 뒤로 하고 자연 속에 질주하는 승마는 심신을 단련하는 최고의 생활체육으로 자리를 잡아가고 있다. 최근의 생활승마는 자연을 만끽하는 심신단련에서 더 나아가 비만치유 도우미 즉 'S'라인을 갈구하는 젊은 숙녀들의 건강 및 미용해결사 역할도 담당하고 있고, 부부가 승마를 통해 부부애를 더욱 증진시키기도 해 많은 이들이 승마장으로 발길을 돌리고 있다. 또한 장애인들의 재활을 위한 재활승마는 의료 활동이란 새 역할까지 맡고 있다. 시대변천에 따라 이제 더 이상 승마를 부의 상징이 아니라 누구나 쉽게 접하고 즐길 수 있는 생활체육으로 이해하고 받아들일 수 있도록 힘을 모아야 하겠다. 이 책은 바로 '승용말타기운동'에 동참하고자 하는 많은 국민들의 열망이 실현될 수 있도록 그 기초 인프라인 승마장시설의 이론적 토대와 실제 사례를 논구한 책이다.

2. 말의 기원

말의 기원은 인간의 기원과 같이 한다고 해도 과언이 아닐 정도로 오래되었다. 21세기 과학 문명시대에도 새로운 승용차가 나오면 그 이름을 말의 이름을 본떠서 짓고 있다. 포드의 머스탱, 현대자동차의 포니, 갤로퍼, 에쿠스 등이 그렇다. 승용차의 이름을 푸마나 기린이나 호랑이로 짓지는 않는다.(재규어는 예외)

말의 기원을 고찰해보면 말도 다른 포유(哺乳) 동물들과 마찬가지로 오랜 진화과정을 거쳐 오늘날의 늘씬하고 스마트한 말로 변화해왔다. 과천경마장에 가면 볼 수 있는 더러브레드 등 북방냉혈종의 우람하고 날렵한 몸매는 오랜 진화와 교배 과정을 거쳐 탄생한 신종이다. 최초의 말은 몸집이 개나 여우류의 작은 체구였다고 한다. 우리가 알고 있는 원시말의 출현에 대해 청동기 시대인 기원전 4,000~3,000년 전으로 학자들은 추정하고 있다.

말은 크기, 주둥이 모양, 치아의 수에서 큰 변화를 보이며 진화해왔으며 특히 여러 발가락에서 하나의 발가락, 즉 통발굽으로 진화되었음을 알 수 있다. 초기에는 4개의 발가락에서 환경변이에 따라 적응하며 진화되어 1개의 발가락으로 진화된 것이다. 현대 말의 직접적인 조상은 에쿠스(Equus)로 알려져 있다. 에쿠스는 발가락이 하나이고 몸집이 크고 튼튼하게 발달된 말의 시조이다.

[오늘날의 승용말]

3. 우리나라 말의 유래

　우리나라 재래종 중소형 말은 삼국지, 사기 등에는 과하마, 삼척마, 고려시대 사서에는 국마, 토마, 향마 등으로 호칭되고 있다. 프르체발스키(Przewalsky) 계통의 야생말일 가능성이 높은 것으로 학자들은 추정하고 있다. 삼한 시대 이전부터 프로체발스키 말은 중국과 그 주변 및 한반도에서 가축화되었다. 우리나라 구석기 시대 출토지에서 여러 가지 종의 말뼈가 발견되고 있어 삼지마[1]일 가능성도 있다고 한다. 사실이라면 우리 말의 역사는 3,000~1,000만 년 전으로 소급 기록할 수 있다.

　중형 말은 경주의 천마총 및 기타 지역에서 발굴된 재갈[2] 등으로 보아 서방 말 즉 타르판(Tarpan)[3]말 계통의 혈종이 혼입되었다고 추정된

---

1) 삼지마: 화석으로 인정된 최초의 원시마는 시신세(始新世, 약 5,000만년 전)에 발견된 Eohippus이다. 이는 체구가 여우정도(20~50cm)로서 이 무렵에 삼림이 무성하고 연못과 늪지가 많아서 엽류채식을 하였다. 발가락은 앞다리에 4개, 뒷다리에 3개가 있어서 이를 사지마(四趾馬)라 칭한다. 그 후 앞다리 네 번째 발가락이 퇴화하여 흔적만 남은 삼지마(三趾馬)가 출현하였다.
2) 재갈: 말을 제어하기 위해 말의 입에 가로 물리는 가느다란 막대. 보통 쇠로 만들었는데 굴레가 달려있어 여기에 고삐를 맨다.
3) 타르판(Tarpan): 타르판이란 투르크어로 야생마란 뜻이다. 타르판은 야생마의 아종으로 1876년 우크라이나에서 마지막 개체가 잡혀 멸종되었다.

다. 고려 중기까지 거란마, 여진마, 말갈마, 대송마 및 금국마 등을 진상받았다는 기록이 있다. 고려 충렬왕 때는 몽골마 160필이 도입되었으며 중형종이었다. 조선시대에는 당마, 호마, 북마, 청마 등이 수입되어 혼혈되었다. 한일 합방 후에는 중형종인 일본말이 군용으로 국내에 들어왔다. 최근에는 호주, 미국, 캐나다 등지에서 경마용으로 중형마들이 수입되고 있다.

[말의 각 부위 명칭(마사회 블로그에서)]

[말이 초지에서 풀을 뜯고 있는 모습]

　원래 있던 재래 소형 한마는 삼국시대에 있었다는 기록이 남아 있을 뿐이다. 그래서 외국에서 들어온 여러 종의 중형마와 혼혈되는 과정에서 프르체발스키 말4) 계통의 순수 소형 말은 없어졌을 것이다. 다만 중형종과 혼혈종은 복합적 요인으로 점차 소형화 되었을 것으로 보이며 그나마 이용가치가 없어지면서 육지에서 말 사육은 없어지고 다만 제주에서만 재래말이 사육되어 지금은 제주마만이 남게 되었다.

---

4) 프리체발스키(Przewalsky): 몽골 야생마의 일종으로 수도 울란바토르에서 약 100km 남서쪽 호스테인 노루(Hustain Nuur) 약 9만 ha에 달하는 면적에 야생마를 관광할 수 있는 목장이 있다. 이 지역은 자연보호 구역으로 얼마 전까지만 해도 일반에게 개방이 되질 않았다. 그러나 요즘은 외국인들이 야생마를 보기 위해 많이 찾는다.

4. 말의 품종과 용도

말의 품종은 원산지에 따라 동양종과 서양종으로 나눈다. 용도에 따라서는 사람이 타고 다닐 수 있는 승용말(乘用馬)과 경마용말(競馬用馬), 그리고 사람의 노동을 돕는 역용말(役用馬) 등으로 구분할 수 있다.

세계 여러 나라에서 말의 품종을 향상시키기 위해서, 말에게 최고의 환경조건을 만들어주고 뼈를 튼튼하게 하는 풀을 먹이기도 한다. 유럽에서 생산되는 오늘날의 명마들은 품종개발에 적극적인 정부의 지원을 통해 국가적인 차원에서 이루어지는 경우가 대부분이었다. 이와 같이 우리나라도 한국형 승용말 품종을 개발보급하기 위한 우리 정부와 말 산업관계자의 적극적인 노력이 필요하다.

말의 품종은 특정 목적을 가지고 개량되었다. 지금까지 전해지고 있는 말의 명칭은 비슷한 유전학적 특징을 기준으로 분류한 것이다. 말의 품종은 체계직이고 정확한 정의를 내리기가 쉽다. 광범위하고 세밀한 분류에 시간이 많이 소요된다.

1) 동양 말과 서양 말의 특징

　동양종은 두개(頭蓋)가 발달되어 있지만 안면골은 발달되어 있지 않아서 콧마루가 곧고 짧다. 등성마루는 높고 엉덩이는 평평하면서 넓으며 꼬리붙임이 높다. 발굽은 작지만 견고하다. 피부는 얇고 피모는 섬세하면서 근육질로 이루어져 있다. 뼈의 질은 치밀하고 굳건하지만 체구는 대략 150cm 정도로 서양말에 비해 작다.

　서양종은 머리가 크고 무거우면서 등은 길고, 엉덩이가 경사져 있으면서 짧다. 또한 꼬리 붙임은 낮으면서 어깨는 짧고, 사지는 굵지만 뼈는 연하고 발굽이 크다. 동양종에 비해 서양종의 피부는 두껍고 지방이 있으며 근육은 불분명하고 몸은 둥근 차이를 지닌다. 또한 말의 기질 역시 동양종에 비해 크고 둔중한 편이다. 따라서 서양종이 동양 종보다 힘이 세고, 더 빨리 달릴 수 있는 강점이 있지만 대신 허리힘과 정강이가 약한 서양말은 높은 산을 오르내리는 것이 힘들다. 이에 비해서 체구가 작고 뼈가 튼튼하며 근육질인 동양 말은 그만큼 내실 있고 지구력이 강해, 서양 말보다 산을 잘 탈 수 있는 장점을 지니고 있다.

[승마를 즐기고 있는 모습]

2) 말의 용도에 따른 분류

① 승용(乘用)

승용말은 주로 사람이 타고 다닐 수 있으며 빠른 속도를 낼 수 있는 말을 통칭한다. 승용말들은 대부분 아랍종과 더러브레드 종을 교잡한 것이며, 말의 형태가 균형 잡혀 보이며 걷는 속도가 경쾌한 특징이 있다. 승용말의 대표적인 품종에는 다음과 같은 종들이 있다.

- 아랍종(Arabian horse)

아라비아가 원산지로, 체격은 작으나 속력이 빠르고 기품이 있으며, 몸 빛깔은 회색·밤색·사슴색 등 여러 가지가 있다. 세계적인 명마들은 대부분 이 아랍종의 혈통에 속한다.

[아랍종 말]

○ 더러브레드종(Thorough-bred)

영국이 원산지이다. 영국 재래 암말과 아라비아의 수말을 교배해서 탄생시킨 품종으로 동작이 경쾌하고 속력이 빠르므로 경마용으로 많이 쓰인다. 몸 빛깔은 사슴색과 밤색이 많다. 이후 아랍종과 함께 더러브레드종이 품종개량에 필수적으로 쓰여 우수한 말을 개발했지만 현대에 와서는 개량이 너무 많이 되어서 하지(下肢)가 약한 말들이 나오기도 한다.

○ 앵글로-아랍종(Anglo-Arab)

프랑스가 원산지로 아랍종과 더러브레드 종을 교잡시켜 만든 승용말은 영국 순종의 체형, 자질, 속력과 아랍종이 가진 우수한 지구력을 갖춘 이상적인 승용말이다. 아랍종과 영국 순종 즉 더러브레드종의 교배 외에 역교배(逆交配)와 앵글로아랍종 상호 교배에 의해서도 생산되었다. 체형은 아랍종에 가깝고 체질이 튼튼하고 지구력이 있으므로 일반 승용말로 적당하며, 몸 빛깔은 사슴색과 밤색인 것이 많다.

[다양한 높이(hh)의 말을 활용한 승용말 체험]

[산악 승마를 즐기는 부자]

② 경마용(競馬用)

경마용 말의 품종 역시 승용말의 하위 범주에 속하는 것이 당연하지만, 여기에서는 경마용 말의 범위를 주로 경주에 사용되는 말들의 품종으로서만 특수하게 한정해 보고자 한다. 경마가 처음 실시된 곳이 영국인만큼 경마에 사용되는 말들도 더러브레드종 혈통이 많다. 경마용 말은 속도가 빨라야 하기 때문에 걸음걸이가 빨라야 하고 머리와 목이 가벼워야 한다는 특징을 가지고 있다.

유럽 사람들은 자신들의 말을 명마로 만들기 위해 여러 가지 노력을 한다. 명마로 품종이 개량되는 말은 대부분 경마용 말로 길러지는데, 이는 경마용 명마의 생산이 무엇보다도 말 주인이나 해당 국가에 높은 경제적 이윤을 창출시키기 때문이다. 지금도 세계 여러 나라에서는 우수한 명마 품종들이 이를 소유하고자 하는 사람들에 의해 높은 가격으로 거래되고 있는 것이 사실이다.

한편, 오랜 경마 역사에 걸맞게 경마를 즐기는 국민들은 주로 유럽인들이다. 유럽의 여러 나라는 우수한 말의 품종을 국가차원에서 엄격히 관리하고 보호·육성하는 정책을 실시하고 있으며 전세계 경마산업에 지대한 영향을 끼치고 있다.

③ 역용(役用)

역용말은 사람이 타기도 하지만 주로 노역(勞役)에 사용되는 말을 통칭한다. 이러한 역용말은 농사를 짓거나 무거운 수레를 끄는 등 힘겨운 일을 하기 알맞게 몸집이 크고 근육이 잘 발달되어 힘이 세다. 벨기에

(Belgian)종이나 퍼쉐론(Percheron)종이 이에 해당하며 체중은 1.5톤~2톤 정도 된다. 최근에는 비육마목장에서 우수한 육질을 자랑하는 말고기 생산용으로 사육되며 일본 등에서 애호식품으로 높은 가격에 판매된다.

[역용말]

5. 승용말 문화

한때 우리 민족은 만주대륙을 지배하는 기마민족으로 말을 활용하는데 어느 민족 못지않았다. 지금은 미국, 유럽, 호주, 가까운 일본의 말산업과 비교해도 많이 뒤쳐져 있는 상황이다. 최근 IT의 발전, 프로세스 이노베이션(PI), 사무 자동화(OA), 공장 자동화(FA)에 따른 생산성의 급등 등으로 소득증대와 생활문화의 혁신이 이루어지고 있다. 이로써 레저 활동과 같은 여가선용 시간이 늘어나는 등 그 어느 때보다 노동으로부터 벗어나 자아실현을 할 수 있는 경제적 여건을 갖추게 되었다.

이와같은 배경에서 최근 심신단련 생활체육으로서 승용말 산업이 크게 부각되고 있다. 또한 재활치료는 물론 청소년 비만, 체력 저하, 고립적인 생활태도(자폐증 등)에도 효과적인 대안으로 부각되고 있다. 승마는 사회적으로 교류하는 쾌적 공간에서 동물과의 온정적인 유대관계를 맺고 자신의 체력을 증진하는 녹색 스포츠요 녹색산업이다.

현재 우리나라 사람들의 말에 대한 인식은 경마와 도박을 연상시키는 사행산업 이미지로 상당히 부정적이다. 그러나 이제는 시민들이 직접 타고 즐기는 승용말 문화를 조성하여 여가를 선용하는 생활체육으로 자리매김해 나가야 할 때이다.

과거 기마민족으로서 호연지기가 고취되어 왔던 고구려의 무사, 신라 화랑 등 우리나라 젊은이의 기백이 많이 후퇴되고 있다. 향후 무한경쟁 시대에 강한 정신력과 강인한 체력으로 무장된 인재를 육성해야 한다. 바로 승마가 이러한 정신적·육체적인 건강을 마련해줄 수 있을 것이다. 이를 위해 우선 말 전문 인력에 대한 육성과 교육이 필요하며, 승마에 적합한 승용말 생산기반 조성과 안전한 승마장 설치 등 적절한 하부구조(하드웨어)를 구축하여야 한다.

현재 농림수산식품부는 시민의 여가생활 수요를 충족하면서 농촌지역에 활력을 불어넣기 위해 말 산업 육성대책을 마련, 앞에서 열거한 사업들을 추진하고 있다. 한국마사회, 경북도, 경북대 말산업연구원 등도 승마교육프로그램을 특화하고 있다. 사업지원 대상으로 비농업인도 가능하기 때문에 귀농프로그램의 일환으로서도 의미가 있다. 마사회는 민간 승마장에 대한 컨설팅사업도 진행하고 있다. 기반 조성에는 하드웨어뿐만 아니라, 소프트웨어의 개발이 가장 중요하다. 소기의 사업성과를 얻기 위해서는 말산업육성의 필요성을 충분히 인지하면서 다양한 학문 영역 간, 기관간의 통합적인 연구노력도 필요하다.

(2008년 1월 한국농수축산신문 시론 내용 중)

[어린이용 승용말]

제2장
말의 습성과 성질

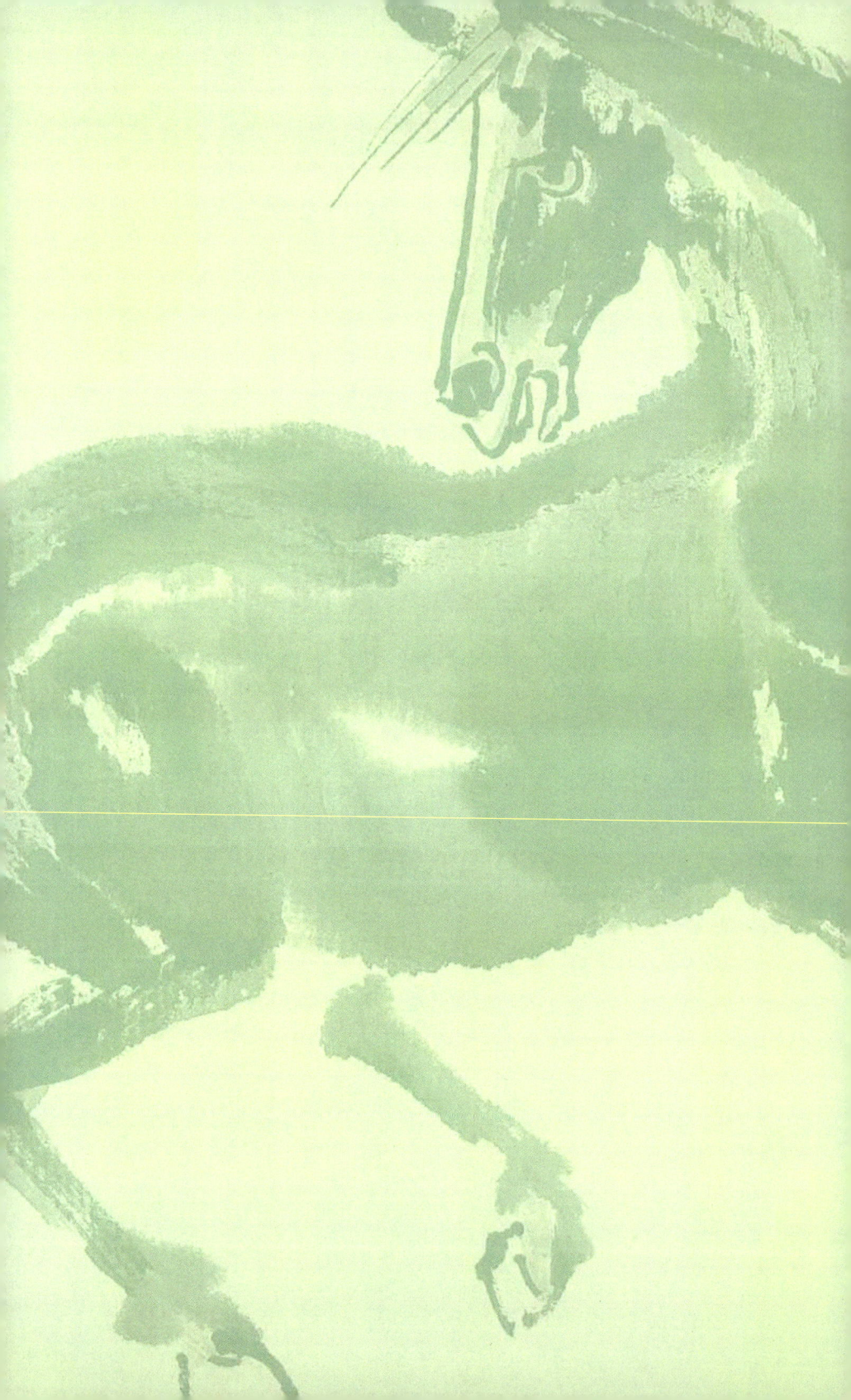

1. 말의 습성

1) 말은 잘 놀라고 겁이 많은 예민한 동물이다

　말은 아주 온순하지만 다른 동물에 비해 매우 섬세한 정서를 지니고 있다. 특히 청각, 후각, 시각, 촉각이 대단히 예민하고 겁이 많다. 예민한 감각과 스피드가 발달한 동물로서 투쟁이나 공격보다 도피를 자기 방어수단으로 하며 위급시 말은 물고, 차고, 도주한다.

2) 외로움을 싫어하는 군거성의 초식동물이다

　말들은 떼를 지어 풀을 뜯어 먹거나 무리를 지어 이동한다. 야생상태의 말들을 보면 무리를 지어 사방을 경계하며 생활한다. 그리고 포획하다 공격이 있을 경우 어느 말이 뛰면 영문을 모르고 같이 도망간다. 말은 야생상태에서 20시간 이상을 풀을 뜯는데 보낸다고 한다.

3) 먼 곳에서도 집을 찾아가는 귀소성이 강한 동물이다

말의 귀소성은 아주 유명하다. 몽골의 울란바토르에 가면 몽골이 베트남전에 원조차 보냈던 말이 그 먼길을 달려 돌아온 사례가 있어 말의 동상을 세워 기린다. 그만큼 말은 귀소성이 강한 가축이다.

4) 서열과 책임감 등 사회성이 있는 동물이다

마장을 설계할 때 모든 말을 한 울타리에 넣으면 갈등이 생기고 다툼이 일어난다. 말은 대개 숫말우두머리가 많은 말을 거느리고 이질적인 말집단에 대해서는 배타적으로 적대시를 하는 습성이 있다.

[겨울 초지에서 말이 질주하는 모습]

5) 성적권력을 중요시하는 동물이다

방목하는 암말 떼에는 1두의 수말이 장악한다. 무리에 새로 수말이 들어오면 격렬한 성적권력 투쟁이 일어난다. 그 결과 성적권력(性的權力)이 결정된다. 말들은 상호 어느 정도 호감, 질투, 애정을 표시한다. 봄철 번식기에는 발정기의 암말이 수말을 선택하는 경우도 있다.

6) 모방성이 강한 동물이다

군거성과 사회성이 있기 때문에 동료말로부터 나쁜 버릇(惡癖)을 쉽게 배워 실행에 옮기는 동물이다. 이러한 악벽을 보이는 말은 빨리 격리하여 나쁜 버릇을 교정하여야 한다.

[초지에서 말이 질주하는 모습]

2. 말의 행동

1) 섭식행동(Ingestive behavior)

태어난 후 젖을 빠는 일이 최초의 섭식행동이다. 생육 초기단계는 건초를 좋아하며 사료는 적은 양을 자주 먹는다. 말은 윗입술이 예민하며 이 성질을 이용, 말을 보정하는 데 이용한다. 즉 윗입술을 끈으로 묶어서 비틀면 아프기 때문에 얌전히 순종한다.

2) 모방행동(Allelomimetric behavior)

서로 상대방을 흉내 내는 행위는 함께 군집생활을 하는 동료 말들 중에 먼저 적을 발견하여 도망치면 다른 말들이 이유를 확인하지 않고 모방하여 도망치는 데서도 알 수 있다. 이것은 자기 방어수단이다. 겁이 많은 말은 혼자 있을 때 정신적 고통을 받기도 하고 신경이 예민해지고 식욕이 떨어진다. 함께 있으면 다른 말의 행동을 쉽게 모방한다. 이런 문제를 해결해주기 위해 같이 놀 수 있는 좋은 버릇을 가진 친구를 넣어

주기도 한다. 모방행동을 이용하여 야외에서 잡기 어려운 말은 다른 잘 훈련된 말을 이용하여 잡기도 한다.

3) 배설행동(Eliminative behavior)

말은 특정장소에 배설하는 습성이 있다. 암컷이나 거세마는 자신의 영역을 표시하기 위해 경계지역에 배설한다.

4) 군거행동(Gregarious behavior)

말은 단체로 생활하고 이동하므로 자신을 보호한다. 자기 자신을 보호하기 위해 시야가 확 트인 곳에서 무리와 함께 있고 싶어한다.

5) 성행동(Sexual behavior)

성행동은 구애행위를 통해서 교미행동이 이뤄지며 이런 과정은 호르몬 분비로 조절된다. 보통 봄철에 짝짓기가 이루어진다. 북반구의 씨수말의 경우는 남반구로 이동, 일년에 2차례 수정을 하기도 한다.

6) 보호행동(Care-giving and care-seeking behavior)

암컷에 해당되는 것으로 즉 모성애가 있어 자기가 낳은 새끼를 성장시까지 보호하려고 하는 본능적 행동을 보인다.

7) 투쟁행동(Agonistic behavior)

투쟁행동은 싸우고 도망가고 복종하는 행위로서 남성호르몬(testosterone)이 관계한다.

8) 탐색행위(Investigative behavior)

새로운 곳에 이동하면 자신을 보호하기 위해 호기심을 갖고 주위 사물을 보고 듣고 냄새 맡고 접촉한다.

9) 피난행동(Shelter-seeking behavior)

환경(햇볕, 바람. 비 등), 곤충 또는 침입자로부터 자신을 보호하기 위해 피난처를 찾는다.

3. 말의 섭식 특성

1) 방목채식

말은 풀을 좋아한다. 풀을 뜯거나 먹는 시간이 1일 평균 12시간 이상이다. 선택채식도 하지만 여러 종류의 풀을 널리 먹을 수 있다. 말은 한 곳에서 풀을 먹고 다른 지역에서 배분, 배뇨한다. 이 행위는 영역표시 및 의사소통 수단으로 중요한 의미를 갖는다.

2) 사료섭취

마사에서 사육하는 말들은 자신의 급식시간을 알기 때문에 일정시간에 사료를 주어야 한다. 농후사료는 사료 섭식시간이 짧고, 부피가 큰 조사료는 충분한 섭식시간이 필요하다.

3) 급이 조절

보통 성마는 자기 체중의 약 2.5%를 섭취하고 성장 중인 망아지나 비유(泌乳)중인 암말은 체중의 약 3%정도까지 섭식한다. 말에게 고에너지 고단백질 사료를 다량급이하게 되면 제엽염이나 비만의 원인이 되므로 주의해야 한다. 그러나 많은 양의 고된 운동 후에는 에너지를 충족시켜 주기 위해서 농후사료의 양은 늘리고 조사료의 양은 줄여준다.

4) 음수행위

말은 날씨, 온도, 운동량, 체중 등에 따라 음수량이 달라진다. 평상시 1일 음수량은 15~30리터이며 말이 임신 중이거나 최대 비유기일 때는 26~34리터가 적당하다. 또 운동 시에는 34~57리터의 양을 필요로 하며 힘든 운동을 했을 시에는 최대45~57리터까지의 물이 요구된다. 음수 시 주의할 점으로는 말의 체온이 상승했을 때 많은 물을 먹으면 산통, 제엽염의 원인이 되므로 주의해야 한다.

[말들이 물 마시고 있는 모습]

4. 말의 소화기관 및 주요 영양소

1) 소화기관

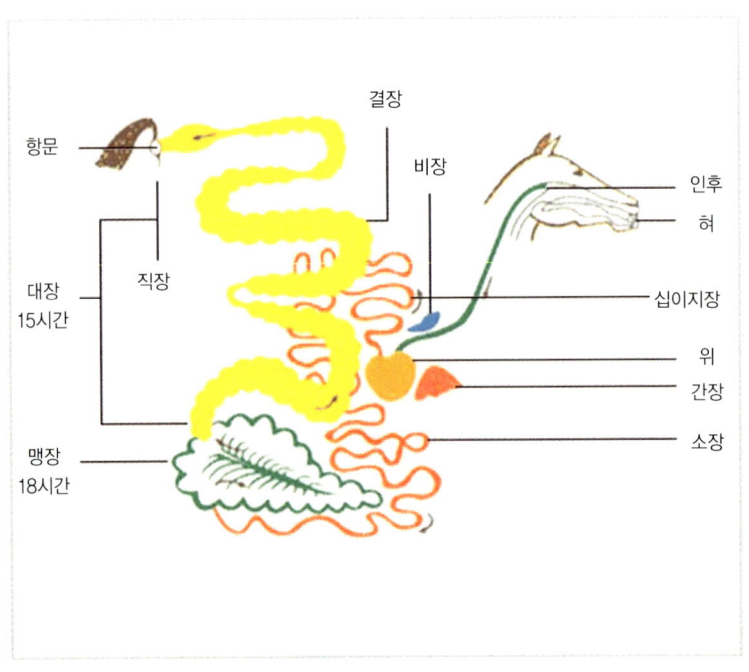

[말의 소화기관]

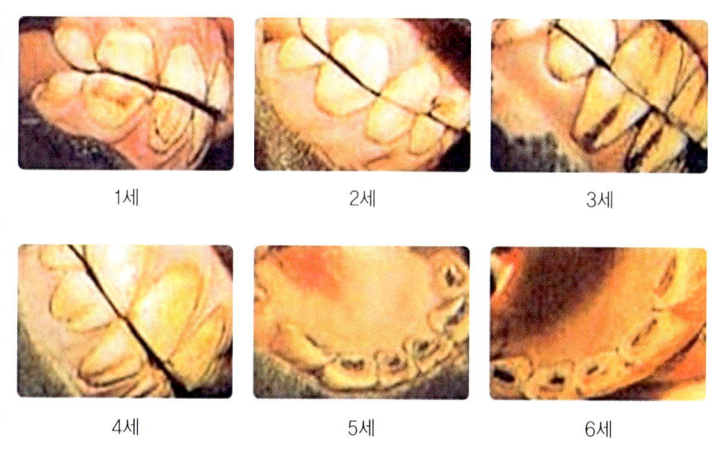

[나이별 치아]

소화관의 용적비교

부위	돼지	말	소
위	30%	9%	71%
소장	33%	30%	19%
맹장	7%	16%	3%
대장	30%	45%	7%
총용량	27ℓ	211ℓ	356ℓ

소화관 용량과 용적

부위	용량(%)	용적(ℓ)
위	8.5	17.96
소장	30.2	63.82
맹장	15.9	33.54
대결장	38.4	81.25
소결장, 직장	7.0	14.77

영양소의 흡수 부위

구분	소장	맹장 및 결장
단백질	60-70%	30-40%
탄수화물	65-75%	25-35%
섬유질	15-25%	75-85%
지방	100%	
칼륨	95-99%	1-5%
마그네슘	90-95%	5-10%
인	20-50%	50-80%
비타민	100%	

2) 주요 영양소

① 단백질

단백질은 탄소, 수소, 산소 및 질소 분자를 함유하는 복합화합물인 아미노산으로 되어있다. 특히 사료 속의 아미노산은 말의 체조직을 구성하는 단백질 합성에 쓰이기 때문에 말의 사양에 있어 아주 중요하다.

대부분의 단백질은 여름에는 목초, 겨울에는 건초로 공급되며, 큐브 사료에도 좋은 단백질 공급원인 콩이 함유되어 있다.

② 지방

지방은 동물에 있어 가장 농후한 에너지원이 되는 유기화합물이다. 지방은 발육과 피부건강에 필요한 필수지방산인 리놀레산을 생산한다. 지용성비타민을 운반하며 지방이 결핍된 사료를 급이하면 성장이 둔화되고 피부가 각질화 되며 털이 거칠어진다. 적당량의 지방사료 공급 시는 지구력이 높아지지만 지방함량이 너무 높은 사료는 불결한 냄새로 기호도를 떨어뜨리기도 한다.

많은 배합사료들이 식물성 기름들을 함유하고 있으며 말 에너지의 15% 정도까지는 식물성 지방에서 공급된다.

③ 탄수화물

탄수화물은 생물체내에서 세포의 구성 및 에너지 공급원으로 생명과 밀접한 관계가 있는 대단히 중요한 물질이다. 탄수화물은 사료 중에 가장 많이 함유되어 있는 주요 에너지원이며 곡류나 건초 중에 60%이상 함유되어 있다. 그리고 탄수화물에는 당류, 전분, 글리코겐, 셀룰로오스가 들어있다.

목초와 건초에 충분히 들어있으나 주요공급원은 아니며 귀리와 같은 알곡사료에 다량 함유되어 있다.

④ 무기물

조직을 형성할 때 사용되는 무기화합물로서 유기화합물과 결합하거나 순수한 형태로 체내에 있거나 뼈나 치아 등의 단단한 조직에 포함되어 몸체를 만들기도 하고 세포내 액의 보호유지를 위한 삼투압조정이나 촉매작용도 한다.

알팔파에 다량함유되어 있으며, 풀을 뜯는 과정에서 흙을 섭취함으로써 공급되며, 염분은 블록으로 공급한다.

⑤ 수분

수분은 성마 체중의 2/3를 차지할 정도로 생존에 필수적이다. 일일 약 45ℓ 내외를 섭취하는 데 나이, 온도 및 습도, 운동량, 사료조성, 그리고 비유 유무에 따라 음수량에 차이가 있다. 체내에서 10%의 수분을 잃으면 생리적 불균형이 오고 20%를 잃으면 생명에 위험을 초래한다.

말의 체내에서 물의 기능

① 체내에서 흡수된 각종영양소를 체세포로 수송한다.
② 체세포와 기관에서 분비된 노폐물을 체외로 수송한다.
③ 소화, 흡수, 신진대사 등의 중요한 기능을 촉진한다.
④ 발한이나 호흡과정에서 증발작용에 의해 체온을 조절한다.
⑤ 모든 체세포와 체액의 구성요소이고 체내에 있어서 적절한 체액균형을 유지한다.
⑥ 타액이나 소화액의 생산에 필요하다.
⑦ 관절의 윤활액으로서 필요하다.

[역용말]

 말 이해하기 TIP

말의 통발굽(hoof)

굽이 높은 하이힐도 만족하지 못해 요즘은 킬힐까지 신는 여성들이 많다. 그릇도 굽이 높은 그릇이 있다. 사지동물은 발바닥이 중요하다. 말, 노새, 당나귀는 발바닥에 발굽이 있는 유제류(有蹄類, 뿔과 같은 재질의 덮개 dense horny covering 즉 발굽이 있는 동물) 중에서도 통발굽 즉 기제류(奇蹄類, Perissodactula, 혹은 單蹄)이다. 레위기 11장에 보면 "짐승 중 무릇 굽이 갈라져(whatsoever parts the hoof, and is cloven-footed) 쪽발이 되고 새김질하는 것은 너희가 먹되"라는 말이 나오는데 말은 통굽이고 되새김질하지 않아 먹지 않았던 모양이다.

발굽은 발가락 끝에 있는 발톱의 한 종류로 통상 5cm 두께 이하이다. 감각이 없는 부분도 있고 감각을 느끼는 부분도 있다. 장제사(Farrier)는 감각이 없는 외벽(wall) 부분에 못질을 해서 편자를 단다. 말은 온 몸의 체중을 하나의 발굽으로 지지하고 작업을 수행한다. 학자들은 말의 발가락 중 가운데 第3指 즉 가운데 발가락이 발달 진화한 것으로 본다. 말이 생존하기 위해 달리는 기능을 강화시키다 보니 그렇게 발달했다는 것이다. 그러나 눈에 보이지는 않지만 제2지 중수골(中手骨), 제4지 중족골(中足骨)도 남아있다.

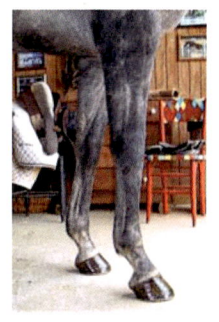
이러한 뿔과 같은 발굽으로 인해 말에게는 편자 즉 horseshoe를 박을 수 있고 이로써 말발굽을 보호한다. 이런 일을 장제(裝蹄) 즉 shoeing이라고 한다. 말 발굽형의 쇠붙이는 제철(蹄鐵)또는 편자라 한다. 무게는 300g 정도 되고 두께는 10mm 정도이다. 예전에는 짚으로 엮은 짚신도 사용했고, 가죽신도 사용했다. 미끄러지는 것을 방지하는 빙상편자도 있고, 치료가 목적인 변형편자도 있고 특수편자도 있다. 경주마들은 레이스를 위해 두랄루민5), 알루미늄 등의 가벼운 경주용 편자를 단다.

[통발굽]

---

5) 두랄루민: 구리와 마그네슘 및 그 외 1~2종의 원소를 알루미늄에 첨가하여 경화성을 가지게 한 고력 알루미늄 합금으로 1906년 9월 독일인 A. 빌름이 발명하였다.

5. 말의 나쁜 버릇(악벽 惡癖, vices)

 말의 여러 가지 나쁜 버릇(악벽)은 인간이 말을 가축화시키고 가두어 사육함으로써 생겨나게 된 것이다. 따라서 말을 사육할 때는 말들을 관찰할 수 있는 장소에서, 순치시킬 때는 취급과 관리를 항상 온화하게 하여야 한다.

[말의 악벽]

1) 움직이지 않는 버릇

말이 마방을 떠나기 싫어하며 아무리 힘을 주어 끌어 당겨도 버티는 버릇을 말한다. 이럴 때 사료를 손에 넣어 말을 유인하면 쉽게 마방을 나온다.

2) 무는 버릇

기호품을 주지 않았을 때 생기는 나쁜 버릇으로 코끝을 쓰다듬을 때 주의해야 한다.

3) 급하게 사료를 먹는 버릇

급하게 사료를 채식하다가 산통 등에 걸릴 우려가 있으므로 이럴 때 건초(hay)와 농후사료(concentrate)를 혼합하여 급이한다.

4) 공격하는 버릇(biting)

어릴 때부터 훈련을 통하여 복종하는 버릇을 가르친다. 말의 뒤쪽을 가야 할 때는 반드시 앞쪽으로부터 다가가야 하며, 부득이 뒤로 가야 할 때는 충분한 거리를 두어 접근하며, 좁은 공간에서는 반드시 말의 허리

[애무하는 모습]

나 엉덩이에 손을 대고 말을 건네면서 이동해야 한다. 말의 시야에서 벗어나도 어느 위치에 있는지를 말에게 알리기 위해서다. 말은 꼬리 부분을 제외한 거의 모든 부분을 볼 수 있으므로 보이지 않는 뒤쪽에서 갑자기 다가가 놀라게 해서는 안 된다.

5) 석벽(wind-sucking)

공기를 빠는 나쁜 버릇인데 석벽방지대를 만들거나 외과수술을 한다.

[조사료를 먹는 말]

6) 깔짚 먹는 버릇(bed eating)

조사료로 준비된 사료가 아닌 깔짚을 먹는 말이 있다. 깔짚은 마분뇨, 먼지, 오물 등이 섞여 있거나 포자 등이 있어 말의 위생이 좋지 못하다. 깔짚을 먹는 버릇이 있는 말에게는 입마개를 해서 버릇을 고쳐야 한다.

7) 사람을 기피하는 버릇

말을 함부로 험하게 대했을 때 말은 사람을 기피하게 된다. 말도 사람과 마찬가지로 애정을 받고 싶어한다. 본능적으로 자기에게 호감을 보여주는 사람을 예민하게 알아보고 상응하는 대응을 한다. 따라서 말을 대할 때 애정으로 부드럽게 대해야 한다.

8) 차는 버릇

애정을 갖고 자주 털 손질을 해주며 마방 벽에 고무깔판을 대거나 다리 뒤쪽에 막대기를 설치한다. 차는 버릇을 대비해서 마방의 벽면 마감재는 충분한 강도가 있는 건자재를 사용하여야 한다.

9) 기타

그 밖의 버릇인 깔보기, 밀어붙이기, 갉아먹기, 움츠리기 등 마방 안에서도 마방 벽을 차며 꼬리를 비비는 버릇 등이 있다.

[말의 무리]

 말 이해하기 TIP

말의 두려움 해소방안

말이 어떤 물건을 보고 두려움을 느낄 때 기수가 징계를 한다면 말은 그 물체에 대한 두려움과 공포심을 갖게 되어 마체가 얼어붙게 된다. 따라서 이때는 우선 대상물을 충분히 말에게 보이고 또 대화를 걸거나 애무를 하여 안심시켜야 하며 이러한 상황에서 말이 자기 멋대로 하지 않게 주의를 해야 한다.

말이 신뢰감을 갖게 하기 위해서는 성격이 온순하고 여러 물체에 경험이 풍부한 나이 많은 말을 선두에 내세워 유도하고 그 뒤를 따르게 하는 일을 반복하여 공포심을 제거하여 사람과 말의 신뢰관계를 깊게 해야 한다.

두려움을 갖고 있는 물체의 옆을 통과할 때는 말을 그 대상물과는 반대방향으로 향하게 하고 그 곳을 빠져나오게 되면 애무를 해준다. 말이 두려움을 보일 때는 사람과 말의 신뢰관계를 깊게 할 수 있는 좋은 기회이지만 그 방법이 잘못되면 역효과가 나게 되므로 주의가 요구된다.

길에 웅덩이가 있을 경우 어떤 말은 두려움을 느낀다. 이때는 조급하게 시도하거나 무리하지 말고 웅덩이에 물이 없을 때 그곳을 통과시키는 것이 바람직하다. 말은 이것을 구덩이 정도로 생각하기 때문에 콧소리를 내면서 머리를 내려 주춤거리면서도 통과하게 된다. 이때 말에게 칭찬을 해주게 되면 다음에 웅덩이를 건널 때면 무리 없이 통과할 수 있다.

제3장
승마장 계획의 환경요소

1. 외부환경요소

　목장의 위치는 경사도가 완만한 부지가 적합하며 부지의 저 지대는 배수가 잘되지 않으므로 건물을 배치하지 않는 것이 좋다. 마사 방목장은 동선이 원활하도록 배치하여야 한다. 말은 온화한 기후와 배수시설이 잘된 목초지, 그늘이 잘 들고 깨끗한 물 공급이 원활한 곳에서 건강하게 잘 자란다. 또한 전문 수의사의 왕진이 용이해야 하며 말 관리자의 인력수급, 장제사의 말굽관리 등 여러 가지 사항을 신중히 고려해서 말 관리에 편리한 지역에 위치를 선정하는 것이 매우 중요하다.

1) 부지선정

　승마장 부지의 선정시 몇가지 고려사항은 첫째, 접근성 즉 교통이 편리하고 접근시간이 길지 않아야 한다. 둘째, 경관성 즉 지형과 지세를 참고하여 아름다운 장소를 택한다. 셋째, 자원성 즉 주변의 승마인구, 자연인구, 유치 승마인구를 감안한다. 넷째, 호환성 즉 주변의 기존 시설자원과 호환이 되는가를 파악해야 한다.

2) 주변 환경

주변 자연 환경과의 조화를 최대한 고려하여야 한다. 이를 위해 대형 수목 등으로 입구 주변을 조경한다. 입구가 끝나는 지점에 방목장을 설치한다. 승마장 초입에서 말과 자연스런 교감이 최대한 이루어지도록 설계하여 말과 사람 사이의 감정이 자연스레 교환되도록 한다. 주변에서 승마장을 바라보았을 때 근경과 원경이 서로 거슬리지 않도록 배치한다. 말에게 보이지 않는 곳에 주차장을 설치하고, 수목 등으로 가린다. 또한 승마장 안전교육, 주의사항, 안내문 등의 게시판을 잘 보이는 곳에 설치한다.

3) 동선 및 배치계획

일반적인 승마장의 운영 형태상 기승자가 승마장으로 와서 복장착용 후 말을 이끌고 실내마장 또는 실외마장으로 가서 운동을 하는데 이 동선이 가능한 짧게 되도록 각 시설물들을 배치한다. 관리자 동선은 말의 이동 경로와 중복이 되거나 분리가 되는 부분이 있으므로 교차 되지 않아야 할 곳은 분리한다.

승마장의 지형과 주변 환경, 운영방식에 따라 시설물의 배치형태가 달라질 수 있겠지만 기승자 및 관리자 동선의 최단 거리화와 클럽하우스에서 실내마장을 들여다 볼 수 있는 조건을 만족시키는 배치가 좋다.

 여기에서 더 고려할 수 있는 점은 향(向)과 풍향(風向)이다. 초식동물의 특성상 이른 아침의 햇살이 들어올 수 있는 동향이 좋으며 마방에서 풍겨 나오는 냄새가 클럽하우스 쪽으로 풍기지 않아야 한다.

[승마장 배치 개념도]

4) 조닝(zoning)

　기승자의 동선은 주차장과 가깝고 활동영역은 클럽하우스 근처에서 시작해서 끝나는 것이 좋다. 승마장의 조닝 계획은 사람과 말, 그리고 운동공간으로 크게 나눌 수 있다. 말(馬)의 영역에는 마방과 방목장, 초지가 있고 사람의 영역에는 서비스공간이라 할 수 있는 클럽하우스, 식당 등이 있으며 클럽하우스는 사무실, 휴게실, 탈의실, 샤워실, 승마용품 전시 및 판매실, 숙직실, 락커실 등 각종 공간을 포함한다.

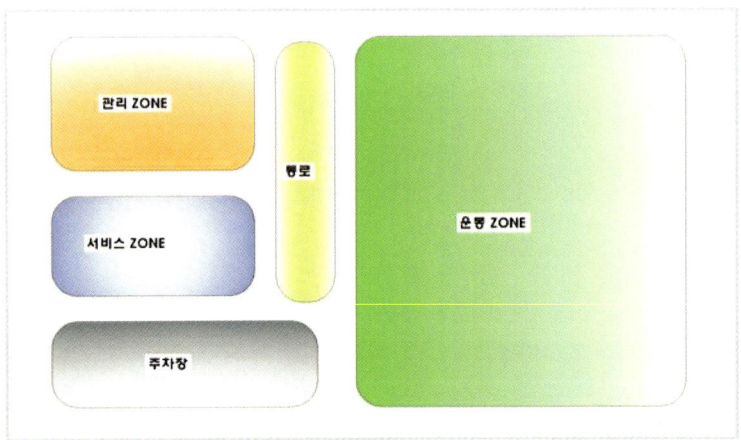

[조닝 예]

[실외마장]

5) 실외마장 및 배치(주변도로, 배수시설)

실외마장 및 배치는 일반적으로 울타리, 야간조명장치, 배수, 도로, 마장크기 등에 따라 좌우된다. 아래와 같은 주의사항이 요구된다.

울타리는 기름 먹인 목재보다는 플라스틱 제품이 유지관리 측면에서 좋다. 야간 승마용 조명 장치를 설치하고 먼지 비산 방지용 스프링쿨러 시설을 설치한다. 배수를 고려하여야 한다. 암거 설치 또는 적절한 구배를 주어 흘려보내야 하며 이때는 모래 유실을 방지하여야 한다. 2중 안전 펜스를 설치하여 말간의 충돌을 피한다. 외부 승마로를 확보한다.(작은 원 여러 개를 큰 원이 감싸는 형태도 좋다.) 초보자와 개인 훈련을 위한 공간을 확보한다.(대형, 소형, 원형 마장으로 구분 설치) 원형 마장의 크기는 기승자와 말의 교육수준, 순치의 정도에 따라 다를 수 있으며 너무 작은 말은 훈련 시 신체에 무리를 줄 수 있다.

[원형 마장 모습]

6) 마사 주변도로

마사 주변도로는 말 및 운반차량의 동선을 고려하고 배수가 원활하도록 하며 소형 로더가 운행할 수 있는 정도의 견고함과 말 운반 차량, 사료 트럭, 톱밥 트럭 등이 움직일 공간과 견고함이 보장되게 설계하여야 한다.

[마사 주변도로]

 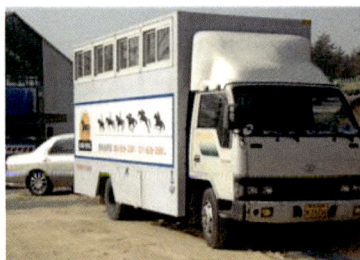

[말 운반 차량]

6) 울타리(Fencing)

　말을 방목하는 마장은 외부에서 들어오거나 내부에서 외부로 나가는 것을 방지하도록 울타리를 설치하여야 한다. 말의 본능은 어떤 개구부를 보면 밖으로 뛰쳐나가고자 하는 야생 성질을 가지고 있다. 따라서 말이 탈출하지 않도록 시설을 갖춰 차단한다. 말의 탈출을 효과적으로 차단하는 데는 말을 가둬놓고 안전하게 방목할 수 있는 울타리가 필요하다.

　말을 효과적으로 가둘 수 있는 울타리 방법에는 여러 가지가 있다. 가장 보편적으로 사용되는 가두리 공법은 가로지지대와 세로지지대로 구성된 내구성이 강한 자연친화적인 목재를 사용하는 방법이다. 목재 가두리방법은 10cm×10cm 정도 크기의 목재를 사용하여 지지대를 세로로 세우고 지지대 높이는 지상으로 약 120cm, 땅속으로 묻히는 깊이 약 80cm 정도로 하여 총 길이 약 200cm가 가장 적당하다. 묻히는 깊이 80cm는 말이 기대어 문지르거나 힘을 주었을 때 뽑히지 않게 하는 역할을 한다. 묻히는 깊이를 줄이려면 세로 지지대를 땅 속에서 지지대 아래에서 고정한다. 가로로 약 30cm 정도 연장된 목재를 T자형 형태로 사용하면 된다.

안전 체크리스트

① 울타리를 빠짐없이 정기적으로 점검한다.
② 부러지거나 잘못된 울타리는 즉시 수리한다.
③ 철선(鐵線) 울타리는 항상 긴장상태로 유지한다.
④ 최하단 철선은 지상 약 45cm 높이에 맞춘다.
⑤ 관목 울타리의 간극(間隙)은 튼튼한 울타리 재료로 막는다. 철선을 사용할 경우에는 느슨하게 설치되지 않도록 한다.
⑥ 돼지나 양을 가두는 철망 울타리를 사용해서는 안 된다. 말은 사각형 철망 안으로 발굽을 넣다가 갇히곤 한다.
⑦ 양 울타리재로 주로 사용되는 상부 끝이 뾰족한 기둥 재를 사용해서는 안 된다.
⑧ 도랑, 불안정지반 등 위험한 장소는 울타리로 막아 근본적으로 접근이 어렵게 한다.
⑨ 전기 울타리를 설치할 때, 말뿐 아니라 사람에게도 말 사료 포대나 비료 포대 등에서 떼어낸 플라스틱재로 만든 표식을 전선에 부착하여 눈에 잘 띄게 한다.
⑩ 철제나 콘크리트 울타리 기둥재는 피하는 게 좋다. 이 재료는 말이 부딪쳤을 때 목재 기둥재보다 상처가 나기 쉽다.

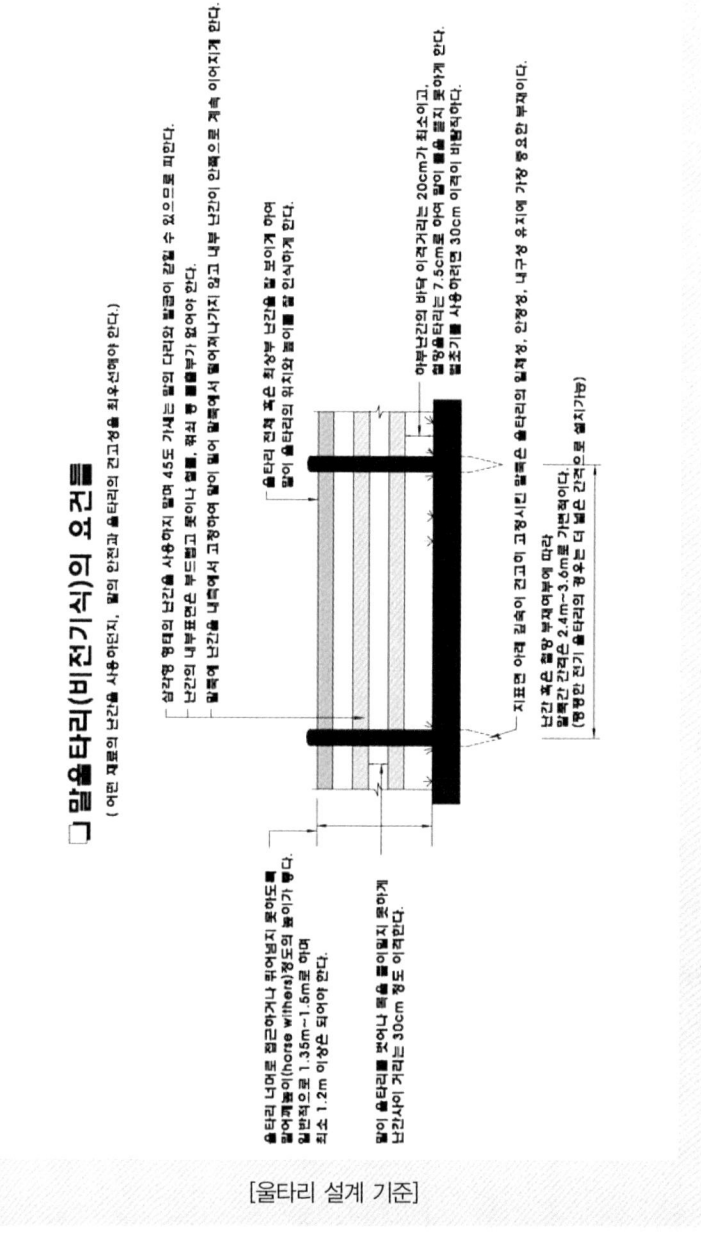

[울타리 설계 기준]

목재는 흠집이나 벌레가 먹지 않는 우량재를 사용한다. 목재자재는 유독성이 없어야 하고 내구성이 있고 부식이 잘 되지 않는 재질을 사용해야 한다.

[천진난만한 아이들이 건초를 주는 전경]   [말이 홀로 걷는 전경]

상단부의 수평대는 세로지지대의 상단부에서 접합한다. 수평대는 세로지지대의 울타리 내부 쪽에서 접합되도록 하고 말이 갑자기 탈출하려고 할 때 지지할 수 있을 정도로 강도가 있어야 한다. 또한 말이 수평지지대에 기대어 몸을 문지를 때 지지력이 충분해야 한다. 울타리자재는 유독성이 있거나 관목은 사용하지 않는다. 특히 너도밤나무나 개암나무는 말이 씹어 사용하지 않는다.

말들이 탈출을 시도할 때 가두어 두는 울타리자재에서 견고한 수평대나 수직대가 필수적이다. 이러한 울타리자재로 값싸고 효율적인 자재로 와이어 메시가 사용된다. 와이어 메시 울타리의 개구부는 말의 발이 빠지지 않도록 V자 형태가 사용되며 와이어 메시 울타리는 말이 기대었을 때 무너지거나 수직대가 뽑히지 않도록 주의해야 한다.

수평 와이어(wire) 울타리는 시공이 잘 되었을 경우 효율적인 말의 가두리방법이다. 수평울타리는 견고한 수직목재 지지대에 4개나 5개의 철선으로 구성되며 각 코너가 팽팽해지도록 설치한다. 이 울타리는 마장에서 말의 활동을 쉽게 관찰할 수 있다. 또한 설치된 와이어와 목재의 수평대를 동시에 사용할 경우 목재 수평대는 와이어선의 상단부 수평대로 사용된다. 와이어 긴장선은 지면에서 약 30㎝ 위에 설치하고 다음 와이어 긴장선은 지면에서 45㎝ 정도 설치한다. 그 이유는 수평와이어선의 하단부는 말들이 밖으로 나올 수 없게 하고 상단부는 말이 머리를 집어 넣으려는 시도가 있을 수 있기 때문에 이를 방지하는 장치가 필요하다. 수평와이어는 가시망보다 훨씬 안정적이고 말의 부상이나 사고를 예방할 수 있다. 전기울타리는 말의 초지를 분할하여 관리할 경우 아주 우수한 가두리 방법이다.

충돌을 방지하기 위한 이중 울타리

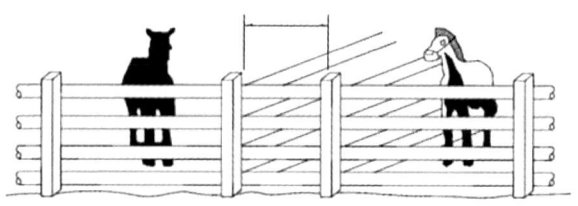

초지관리를 위해 순차적으로 방목할 때는 단일 울타리로 충분하다

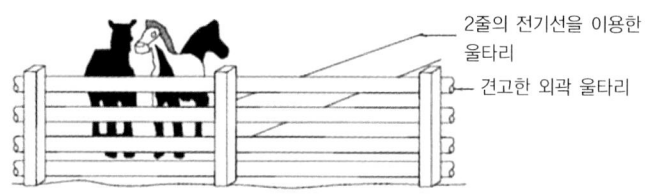

2줄의 전기선을 이용한 울타리
견고한 외곽 울타리

돌담울타리는 말의 관리에 아주 효율적이다. 돌담울타리는 돌담의 높이가 1.2m 이상이어야 하고 말이 뛰어넘을 수 없어야 한다. 이러한 울타리는 바람이나 기후조건에 유연하게 대처할 수 있다.

인조 플라스틱 울타리는 현대적이고 다양한 색상을 가진 형태이나 자연친화적이지 못하다. 이러한 재질의 장점으로는 말이 플라스틱 재질을 씹지(먹지) 못하고, 예기치 않은 사고로 인한 부상을 방지할 수 있다.

울타리는 무슨 재질을 사용하든 직각형태나 날카로운 재질은 사용하지 않는다. 코너를 원형으로 처리하면 말들의 부상을 방지할 수 있고 말의 다리 부상 등을 방지할 수 있다. 모가 나 있는 예리한 코너들은 겁 많은 말에게 덫으로 보일 수 있다.

[방목중인 말]

[유아 · 청소년용 승용말]

좋지 못한 울타리 배치

① 급수통이나 여물통을 울타리 한 구석에 두면 말 한 두 마리가 먹느라 가로막게 되어 다른 말들이 먹지 못하므로 좋지 않다.
② 트랙터, 부속기구 등을 울타리 안에 내버려두지 않아야 한다.
③ 너무 자란 관목이나 덤불 등은 말이 다치는 사고를 일으킬 수 있다.
④ 흔들흔들하는 울타리는 위험할 뿐 아니라 말을 울타리 내에 제대로 가둘 수 없다.
⑤ 좁은 공간은 말이 갇힐 수 있으며 벌초하기도 어렵다.
⑥ 예각의 구석진 코너는 순한 말이 위협을 받을 수 있고 벌초도 어렵다.
⑦ 말에게는 소와 같은 탈출방지용 통로그리드를 설치하지 않는다.
⑧ 경사진 언덕
⑨ 말은 피난처의 패널재를 물어 뜯는다.
⑩ 말 피난처는 배수시 문제가 되는 경사진 언덕 아래에 두어서는 안된다.
⑪ 연못이나 개울에 보호울타리를 치지 않으면 지형이 침식된다.

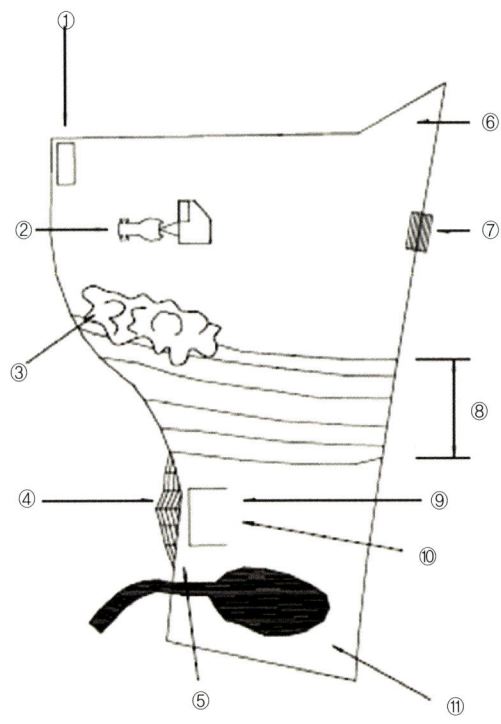

개선된 울타리 배치

① 위험을 당한 말이 빠져나올 수 있도록 모서리를 둥글게 한다.
② 안전한 울타리 대문
③ 급수통을 문으로부터 의도적으로 적당히 떨어진 곳에 두어 말들이 몰리는 것을 최소화한다.
④ 말이 안전한 울타리
⑤ 연못이나 개울에 보호울타리를 치고 방수형 접근로를 설치하면 지형 침식을 막을 수 있다.
⑥ 높은 언덕 위에 ㄷ자형으로 만든 피난처
⑦ 예각 모서리를 막아 둔각 모서리화시킨 울타리
⑧ 경사진 언덕
⑨ 말이 갇힐 수 있는 지역
⑩ 울타리 외곽선
⑪ 연못이나 개울에의 접근을 막을 수 있는 외곽 울타리
⑫ 부지경계선

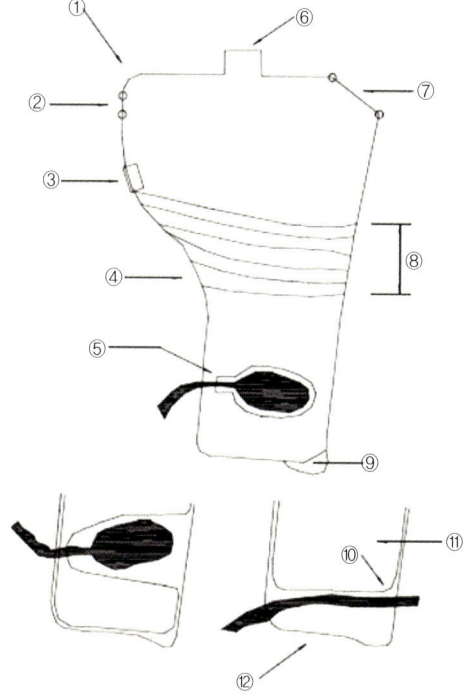

7) 대문(Gates)

마장으로 들어가는 접근로도 중요하다. 출입문은 말의 안전한 통행뿐만 아니라 농기계 장비 통행도 원활하도록 하고 말의 안전을 위해서 도로로부터 멀리 떨어져 있는 것이 좋다. 목재와 금속재는 대문에 좋은 재료이다. 모든 문은 견고하도록 횡지지대를 설치한다. 대문은 처지지 않도록 하고 지표면에 끌리게 하거나 흔들리지 않도록 한다. 대문이 견고하지 못하면 말이 발버둥치거나 대문을 밀 때 쉽게 열릴 수 있기 때문에 목장 안쪽으로 문이 열리는 것이 좋다.

대문의 고리나 잠금장치는 튼튼해야 한다. 목재대문은 튼튼하고 견고하게 시공되어야 한다. 또한 방부재를 사용하여 내구성도 갖추어야 하고 방청 도금된 철재 대문은 도색한다.

대문 지지대는 땅속으로 90cm 이상 묻고, 콘크리트를 타설한다. 또한 강한 힌지 결합과 견고한 철재를 사용하여 말이 물어뜯지 않도록 한다. 문의 모든 손잡이는 사용자가 한손으로 쉽게 열 수 있도록 한다.

문의 고리는 말이 상처를 입지 않도록 돌출되지 않고 가능한 원형 모양으로 제작한다. 모든 대문은 외부인의 감시가 용이하여야 한다. 외부인이 침입하지 않도록 견고한 문고리와 문틀이 유지되게 한다. 말들이 대문 위나 힌지 위에 오르지 않게 한다. 습한 날씨에 말이 움직일 경우 진흙에 빠지지 않게 하고 배수구의 흐름에 대비하여 대문을 설치해야 한다.

안전 체크리스트

① 정기적으로 모든 대문을 점검한다.
② 낡거나 손상된 힌지나 고리등 철물은 즉시 수리하거나 교체한다.
③ 모든 대문은 자물쇠나 체인을 이용해 보안이 되도록 잠근다.
④ 로프 등은 잠금장치로 쓰지 않는다. 말이 씹어 풀어지거나 말이 도난당할 우려가 있다.
⑤ 대문의 너비는 최소한 1.8m 이상이어야 한다. 말들이 통과할 때 엉덩이 등을 부딪칠 가능성이 높다.
⑥ 주 통행도로로 바로 대문이 열리지 않도록 한다. 말들이 바로 도로로 나가 교통사고를 일으킬 수 있으며 또한 도난예방을 위해서도 필요하다.
⑦ 철재는 대문을 만들 때는 부러지거나 휘지 않도록 충분한 강성이 있는 재질을 사용한다.
⑧ 녹슨 철재는 말이 상처를 입을 가능성이 있으므로 사용하지 않는다.
⑨ 대문을 너무 팽팽하게 당기면 서로 올라타서 작동 시 간섭이 생길 수 있다.
⑩ 말에게 초지에 있는 풀을 먹일 때 대문 근처는 피한다. 바닥이 흙탕이 될 수 있다.

[대문]

8) 피난처(Shelter)

　말들이 목초지에서 머무는 동안 강한 비바람, 더위 등을 피해 피신할 경우 자연적인 암반, 둑, 나무 등을 이용한다. 또한 인위적으로 구조물을 만들어 말의 피난처로 제공할 수 있다. 말의 본능적 습성을 감안할 때 가능한 자연지형물을 이용하면 좋으나 때로는 인위적으로 목재로 된 은신처 구조물을 구축하여 피난처를 제공한다. 말들은 무리를 지어 움직이기 때문에 피난처로 들어갈 때 혼잡하지 않도록 하고, 피난처 구조물 바닥은 배수가 원활하도록 한다. 만일에 배수가 용이하지 않을 경우 바닥을 콘크리트 등으로 견고하게 시공한다.

　피난처 구조물의 지붕은 말의 키 높이보다 크게 하여 말이 출입할 시 부상당하지 않게 한다. 빗물이 스며들지 않도록 경사지붕을 설치하고, 출입구로부터 배수구가 멀리 있어야 한다. 개방형 피난처 구조물은 무슨 일이 일어났을 경우 빠져나오기가 쉽다. 피난처 구조물에 달려있는 여물통(구유), 선반대 등은 떨어지지 않도록 고정한다. 또한 말이 부상당하지 않도록 적절한 높이에 설치한다.

　피난처 구조물은 수시로 점검하여 필요한 부분은 보수하도록 한다. 문이 달려있는 소형 피난처 구조물은 비상시 마방으로 사용할 수 있다. 이러한 시설은 마방이 없을 때나 또한 새끼 말을 기르는 데 적합하다. 만일 말전염병이 돌았을 경우 격리장소로도 적당하다. 피난처 구조물을 울타리 근처에 인접하여 시공하거나, 나무격자를 사용하면 비용을 절감할 수 있다. 바람을 막기 위한 피난처 구조물은 높이가 약 2.0m 이상 되어야 한다. 피난처 구조물은 출입구 대문에서 가능한 멀리 떨어지도록 시공한다.

[말들의 피난처]

[말과 다른 가축]

9) 유독식물, 관목과 나무

말의 건강에 유해한 유독식물은 관목과 나무들이 주종을 이룬다. 예를 들면 많은 양을 먹었을 때 유독한 **미나리아재(buttercup)**는 맛이 없다. 그렇지만, 말은 유독성이 높은 주목은 서슴없이 먹는다. 이러한 주목나무는 말을 사망케 한다. 그래서 말을 방목을 시키기 전에 목장에 유독식물이 있는지 철저히 확인하고, 주위 근교에서 유독식물의 씨가 날아 올 수 있으므로 정기적으로 확인해야 한다.

[미나리아재]

개쑥갓(ragwort)은 말이 먹으면 가장 위험한 식물중 하나이다. 개쑥갓을 말이 먹었을 경우, 간을 중독시키는 알칼로이드(식물염기 植物鹽基: 질소를 함유하는 염기성 유기화합물)를 함유하고 있으며 소량을 장기간 먹거나 대량을 단기간 먹었을 때 말을 사망하게 한다. 개쑥갓 중독에 대한 치료방법은 아직 개발되지 않았다. 개쑥갓은 제초제를 뿌려서 제거할 수 있다. 제초제 살포 최적 기간은 꽃 피기 전인 4월 말과 5월 말 사이다. 대안으로 좀 힘들지만 뿌리까지 파내는 방법도 있다. 제거된 식물은 뿌리와 함께 불태워야 한다. 개쑥갓 꽃이 피었을 때 깎으면 다음 해에 더 잘 자라기에 이는 해결책이 안 된다. 목장이 개쑥갓으로 만연할 경우에는 밭을 갈고 씨를 다시 뿌리는 것이 바람직하다. 목초지 관리를 잘하면 개쑥갓은 자랄 수 없다. 잔디가 조밀할수록 개쑥갓이 뿌리박을 가능성은 낮다.

[개쑥갓]

폭스글로브(foxglove)도 개쑥갓속과 같이 건초가 마른 상태에서는 생초보다 맛이 좋고 말을 사망하게 한다. 불과 100g의 소량도 치명적이다. 폭스글로브 중독 증상은 경련발생과 호흡 곤란이며, 몇 시간 만에 말이 사망한다.

[폭스 글로브]

독미나리(hemlock)의 치사량은 (2.5~5kg) 다르지만, 치명적이라는 면에서는 같다.

[독미나리]

투구꽃(monkshood) 같은 가지속에 속하는 각종 식물들은 **유독 식물** (nightshade family)이다. 건초에 합류된, 습지에서 잘 자라는 **쇠뜨기** (horsetail)도 많은 양을 먹었을 때 위험하다. 그나마 말들은 쇠뜨기 줄기는 대개 잘 안 먹는다. 목장 근접한 장소에는 호흡기계의 부전을 일으킬 수 있는 **만병초(rhododendron), 협죽도(oleander), 금련화 (laburnum), 회양목(box), 쥐똥나무(privet)와 월계수(laurel)**를 절대로 심어서는 안 된다.

[주목나무]

    말이 **주목(yew)**을 건초 또는 생초 상태로 먹었을 때 중독치료 방법은 없다. 매도우 사프란(meadow saffron)이 함유되어 있는 독은 관목과 고사리(bracken)에 함유되어 있는 독과 같이 누적효과를 가진 독이며, 말의 성장을 억제하고, 허약하게 한다. 목장 주변에 참나무가 있는지 확인하고, 도토리를 대량 섭취하는 것도 말에게 해로우므로 모두 모아 제거해야 한다.

[만병초]

특히 목장의 초지 조성시 말을 방목할 경우의 안전주의사항은 아래와 같다.

① 유독 식물 판별법을 배워라.
② 말을 방목시키기 전에 목장 내 유독식물 여부를 확인하라.
③ 유독 식물은 뿌리를 포함하여 파내어 소각하라.
④ 제거할 수 없는 나무는 울타리를 쳐서 말이 접근하지 못하게 조치하라.
⑤ 그 주변에 유독식물이 번져나가는 것을 고려해서, 목장과 주변을 정기 점검하라.

⑥ 시들거나 죽은 식물, 특히 개쑥갓(ragwort)은 더 맛이 있다는 사실을 참고해, 땅에서 파낸 유독식물을 목장에 남겨두지 말라.
⑦ 잔디가 조밀하게 자란 경우에는 유독식물이 번식할 수 없다. 잔디 관리를 잘하라.
⑧ 주변에 유독나무가 있을 경우, 특히 바람이 센 날에는 가지의 탈락 여부를 점검하라.
⑨ 목장 주변에 정원이 있을 경우엔, 유독 식물이 버려져 있을 수 있기 때문에 인근에서 잘라낸 식물들이 울타리 넘어 떨어졌는지 확인하라.
⑩ 화학제초제를 사용했을 경우에는, 최소한 비가 많이 오기 전 혹은 몇 주 동안 말들이 목장 가까이 접근하지 못하도록 하다.

말의 목장초지에 주의해야 하고 말을 중독시킬 수 있는 유독식물, 관목과 나무종류 등은 아래와 같다.

고사리(bracken), 미나리아재(buttercup), 아마(亞麻, flax), 폭스글로브(foxglove), 독미나리(hemlock), 루핀(lupin, 콩과), 가지속(nightshade), 자운영(purple milk vetch), 개쑥갓(ragwort), 고추나물속(St.John's wort), 노란 별엉겅퀴(yellow star thistle), 회양목(box), 월계수(laurel), 협죽도(oleander), 쥐똥나무(privet), 만병초(rhododendron), 갈매나무(buckthorn), 금련화(laburnum), 목련(mangnolia), 주목(yew), 도토리(acorns)

10) 급수시설

초지에 방목하는 말들은 항상 깨끗한 물을 공급해야 한다. 강 또는 냇가에 흐르는 물이 가장 이상적이지만 오염된 물이 아닌지를 확인할 필요가 있다. 수질이 좋다면 말이 자유롭게 접근해 물을 먹게 해도 좋지만 바닥이 자갈인지 확인하여야 한다. 모래가 있을 경우 물과 함께 말이 섭취할 수 있다.

물 섭취 접근로는 항상 깨끗하고 편평하고 안전하여야 한다. 가파른 제방은 말이 미끄러질 수 있고 제방이 유실될 수도 있으니 피해야 하는 접근로이다. 냇가가 좁으면 제방의 흙으로 물의 흐름이 막히기도 한다. 말이 물길을 따라 방황하다 방목장을 벗어나서 도망가지 않도록 냇가를 가로지르는 펜스를 점검해야 한다. 여름에 원활히 흐르지 않는 냇가는 물이 정체해 오염될 수 있으므로 식수원으로 적합하지 않다. 말이 오염된 강이나, 고여있는 못, 늪지 등에 접근하지 않도록 펜스를 치는 등 조치를 강구하여야 한다.

물통을 설치하여 물을 공급한다. 볼콕(Ballcock)[6]을 이용해 상수도 시설을 설치하여 물을 지속적으로 공급하고 아연 도금된 물구유 통을 사용한다.

---

6) 볼콕: 물탱크 속의 수위를 조절하는 장치. 물에 뜨는 고무공이 달려 있음

겨울에는 파이프가 동파되지 않게 적절히 보온하여야 한다. 급수 배관은 지표면 아래에 적절한 깊이까지 매립 되어야 하며 지상에 노출된 파이프는 보온조치를 해야 한다. 볼콕은 밀폐된 곳에 설치하여 말이 훼손하지 않도록 한다.

상수도 관로가 없으면 호스를 이용하거나 물 바구니를 이용해 물구유 통에 물을 채워준다. 매주 이런 구유를 완전히 비우고 청소하고 물을 다시 채운다. 낮은 돌 곽이나 플라스틱 함지, 바구니가 사용되기도 하나 자주 물을 갈아주어야 한다. 작고 가벼운 용기의 장점은 여러 장소로 옮겨 놓을 수 있다는 점이다. 단점은 쉽게 엎질러진다는 점이다. 헌 타이어를 이용해 바구니나 함지를 고정시켜두는 것이 좋다.

물구유 통은 펜스에 나란히 설치하여야 한다. 말들은 물을 자주 먹으므로 구유로 가는 바닥을 콘크리트나 튼튼한 바닥재로 시공한다.

[말들이 물을 먹고 있는 모습]

말 이해하기 TIP

물을 공급할 때 주의점

① 모든 말에 대한 물 공급을 매일 점검하라.
② 용기를 규칙적으로 비우고 청소하라.
③ 날씨가 추울 때는 하루에 두서너 번 언 얼음을 깨어 물을 먹을 수 있게 하라.
④ 고여 있는 오염된 물에 접근이 안 되게 펜스를 쳐라.
⑤ 급수통을 방목지의 한쪽 코너에만 배치하면 말들이 서로 부딪쳐 갇힌다.
⑥ 급수통은 오염될 수 있는 나무 아래 혹은 울타리 근처에 두지 않는다.
⑦ 방목장 가운데에 급수통을 두면 말이 상해를 입을 수 있다.
⑧ 급수통을 펜스에 기대어 두어 상해의 위험을 예방하라
⑨ 펜스에서 약간 떨어져 놓을 경우 말의 다리가 그 사이에 갇힐 수 있다.
⑩ 모서리나 돌출 부위가 있는 오래된 욕조와 같은 물건을 사용하지 않는다.

11) 초지 관리

말이 풀을 먹을 경우 식물 줄기의 아래 부분까지 먹는 습성을 가지고 있으므로 초지 관리에 세심한 주의가 필요하다. 초지가 좋지 않으면 말이 싫어하게 되고 좋은 풀이 없는 초지는 비가 오면 금방 흙탕이 되어 버린다. 쐐기풀, 소리쟁이, 엉겅퀴와 같은 말이 먹지 않는 외래종이 번식하지 않도록 한다. 좋은 초지도 관리를 조금만 소홀히 하면 망가지고 만다.

가장 이상적인 초지는 사육하는 말에 특성화된 풀씨를 뿌려 조성한 초지이다. 기본 구성비는 농장의 위치상 해발 500m 이상의 산악지대의 경우 화본과 목초의 경우 1ha당 orchard grass 7~9kg, reed canarygrass 2~4kg, meadow foxtail 4~6kg, timothy 3~5kg, red top 2~3kg, 두과 초종으로는 alsike clover 2~3kg, white clover 1~2kg 정도의 혼파가 좋다.

호미 풀은 대부분의 토양에서 잘 자란다. 그러나 척박하고 표토가 좋지 않은 토양에서는 거름이나 비료를 적절하게 살포하지 않으면 토양이 황폐해지고 식물이 남아나지 않는다. 이러한 초지의 토양에서는 상호 보완성을 가지도록 2종류 이상의 풀이 자라도록 한다. 토양이 좋지 않은 곳에는 김의초(creeping red fescue, 운동경기장에 쓰이는 풀)가 좋다. 이때도 두 가지의 다른 종류의 풀을 섞어 자라게 해야 한다. 줄기가 부드러운 왕포아풀은 건조하고 모래가 많은 토양에서 잘 자라고 거친 줄기의 변종은 말들이 선호하는 풀인데 습하고 풍부한 토양에서 잘 자란다. 빽빽하고 낮게 자라는 특성으로 인해 잡초나 독성초목이 끼어들지 못한다. 클로버(clover)는 뿌리의 혹 마디가 질소를 고정하는 박테리아가 있어 유용한 초종이다. 이 클로버 초종은 대기 중에 질소를 땅속에 고정하여 질소 시비량(施肥量)을 줄일 수 있다. 하지만 우점력(雨粘力)이 높아 전체 농장을 뒤덮을 수도 있다. 그래서 초지에 자라는 새로운 식물보다 야생 클로버(토끼풀)를 선택하는 것도 좋은 방법이다.

[방목중인 말]

초종의 혼파는 생산되는 목초의 양과 질에 다양하게 영향을 받는다. 토양의 형태, 성상, 강수량, 온도, 고도 등에 따라서 영향을 받는다. 또한 토양은 목표로 하는 풀을 기르는 데 적합한지 실험해야 한다. 한 예로 땅의 산성이 강하면 석회를 뿌려 중화한다. (이때 석회가 비에 씻겨 땅에 스밀 때까지 말의 초지 접근을 막는다.)

일반적으로 목초는 배수가 잘 되는 토지에서 잘 자라는 편이다. 지하 배수 시스템을 설치하면 고비용이지만 목초의 질과 생산량은 크게 향상된다. 만약 배수가 나쁘면 우기에 물이 고여 있어 식물의 발육에 문제가 되고 뿌리가 썩게 된다. 이처럼 배수시스템은 매우 중요하다. 배수구를 규칙적으로 점검하여 배수가 잘 될 수 있도록 수시로 점검해야 한다. 도랑으로 흘러드는 각종 관들을 점검하고 필요시에는 보수하여야 한다.

마분 청소는 가능한 자주 해주는 것이 좋다. 큰 방목장의 경우 쓰레질을 해서 마분을 치운다. 매일 자주 마분을 청소하는 이유는 관리자가 항상 마분의 상태를 확인하고 말의 건강상태를 확인하고 마분의 성상과 질병의 유무, 구충의 상태 등을 확인하기 위해서이다.

상황에 따라 목초지의 관리를 위해서 소와 양을 초지에 방목하는 경우도 제안한다. 양이나 염소는 거친 초지도 뜯어먹으므로 목초지를 일정하고 더욱 효율적으로 단정히 관리할 수 있게 해줄 수 있다.

양은 젖은 땅에서 소보다는 토양을 덜 훼손한다. 봄에 초지에 갈퀴질을 하면 죽은 풀들을 제거하고 새로운 풀이 자랄 공간을 만들 수 있다. 시비를 하기 전에 써레질이나 갈퀴질, 롤링작업은 토양에 공극을 주고 토양을 진압하여 바닥을 보완할 수 있다. 잡초나 잡관목의 관리는 봄에 새싹이 나오자마자 제거하여야 한다. 초지에서 가장 관리가 어려운 아카시아 퇴치방법은 가을철에 관목을 잘라내고 근사미 종류의 농약을 이용하여 관목의 물관과 체관 주위를 원액으로 발라주어 뿌리까지 완전하게 사멸시키는 방법이 이상적이라 할 수 있다.

이상적이고 효율적인 초지관리를 위해서 초지를 2~3구역으로 나누어 윤환방목을 권장한다. 예를 들어 말의 기호도가 떨어지는 초종을 염소나 양이 깨끗이 뜯어 먹음으로서 초종이 고르게 성장하여 이상적인 초지 관리가 가능하다.

[초지관리가 잘 된 목장]

2. 내부 환경요소(실내마방계획)

1) 실내마장

마장마술의 시합장 규격이 20m×20m이다. 관객이 볼 수 있는 공간을 추가로 확보하는 것이 좋다. 규격에 너무 맞추려 하지 않고 단지 실내에서 운동하는 정도라면 가능한 폭은 20m를 유지하되, 길이는 여건에 맞게 한다. 주의할 사항들은 다음과 같다.

① 철골기둥은 기승자로 하여금 부딪칠 것 같은 불안감을 주기 쉬우므로 일반형식의 기둥을 사용한다.
② 채광을 위한 측창과 고창, 천창을 많이 설치한다.
③ 출입구의 폭은 3m 이상 높이는 4.5m 이상으로 하여 덤프트럭의 모래 포설과 트랙터의 고름작업을 가능하게 한다.

[실내 마장]

실내마장 설계 시 주요 고려요소

① 채광과 통풍이 잘 되는 구조
② 문은 대형 트럭이 드나들 수 있는 넓이와 높이
③ 스프링클러에 의해 바닥이 골고루 습윤 토양이 되어야 하며 겨울철에는 적셔지는 구조이되 동파 주의
④ 내부 벽은 목재로 덧댄다.
⑤ 모서리와 입구 쪽에는 별도의 안전펜스를 설치한다.
⑥ 낮은 음량의 음악 방송 설비를 설치한다.
⑦ 벽면 거울을 설치하여 기승자가 자신의 자세를 볼 수 있게 한다.
⑧ 천창은 겨울의 결로 방지와 여름의 환기에 특히 주의해야 한다.

 벽체의 마무리는 일반적으로 두꺼운 목재판을 사용한다. 먼지발생을 방지하기 위한 살수(撒水)로 모래 표면의 수분이 직접 맞닿는 목재는 부패하므로 모래 표면에서 20cm 정도는 시멘트 마감 면으로 시공 한다.

또한 실내가 국부적인 눈부심이 없이 골고루 환하도록 천창과 측창에 신경을 써야하고, 적극적인 환기, 통풍으로 여름철 온실 효과가 나타나지 않게 한다.

2) 마방(마구간, Stables)

마방의 위치를 결정하고 신축할 때는 상당한 주의를 기울여야 한다. 마방은 찬 북풍과 동풍을 피하도록 하고 배수가 잘 되는 부지가 바람직하다. 마방입지 및 설계 시는 다양한 요소들을 고려해야 한다. 급수, 급전, 교통 등을 숙고하고 절도의 위험을 줄이기 위해서는 거주공간의 근처에 두는 것이 좋다. 가장 흔한 마방은 말을 풀어서 가둬두는 루스박스형 마방(loosebox)이다. 보통 나무나 콘크리트 블록이나 벽돌로 건축되며 지붕은 방수지(waterproof felt) 위에 나무로 마감하거나, 기와나 슬레이트 혹은 플라스틱 골판재 등으로 마감한다. 금속재 재료는 사용해서는 안 된다. 왜냐하면 여름에는 뜨겁고 겨울에는 차고 소재가 말에게 부상의 위험이 있기 때문이다.

박스형 마방은 말이 돌아다니고, 구르고, 편평하게 눕고 다시 일어서는 데 편안하고 안전하게끔 충분한 크기를 확보하여야 한다. 16hh[7]이상의 말은 3.7m×4.3m, 16hh 이하의 말은 3.7m x 3.7m, 14hh의 조

---

[7] 말의 키는 '하이트 핸즈(hh: height hands)'라는 단위를 사용한다. 1hh는 10.16cm로, 대개 포니는 14hh, 더러브렛은 15~16hh, 승용말은 16~17hh 정도이다.

랑말(pony)는 3m×3.7m, 작은 조랑말의 경우는 2.4m×2.4m의 마방이 적당하다.

지붕은 경사지게 설치하고 빗물받이(gutter)나 우수관(downpipe)으로 배수가 원활하게 한다. 높은 천정과 높은 지붕이 있어야 말이 머리를 부딪치지 않는다. 지붕이 맞배지붕이면, 처마는 적어도 지상 2.3m는 되어야 하며 지붕의 정점은 3.7~4.5m가 되어야 한다. 한 면이 경사지붕인 경우에 가장 낮은 부위는 적어도 3m 높이는 되어야 한다.

마방 내부에 있어서 말의 발길질이 닿는 나무로 된 하부는 적어도 1.2m 높이는 되어야 하며 충분한 강도와 안전한 재질이어야 한다. 마방의 바닥은 배수를 돕기 위해 배수구 쪽으로 약간 경사지게 하고 표면은 마모에 잘 견디며 미끄럼방지 마감이 되어야 한다. 일반적으로 거친 마감 콘크리트가 보통 채택된다. 콘크리트 면에 특수 고무판 패딩을 대어 마감하기도 한다. 마방 안 배수로는 최대한 피해야 하는데 그 이유는 바닥 깔짚 재료가 막히기도 하고 말발굽이 갇히기도 하여 안전사고가 날 수 있기 때문이다.

안전을 위해서 마방문은 충분한 너비를 확보해야 한다. 말 한 마리에 대해 적어도 1.2m 너비에 2.1m 높이는 되어야 한다. 이 문은 하단, 상단으로 분리되어야 하고 바깥으로 열리게 설치되어야 한다. 상단문은 단단히 벽체에 고정되게끔 하여 공기가 원활히 순환하고 말이 바깥쪽을 볼 수 있도록 하여야 한다. 날씨가 아주 좋지 않을 경우에는 상하단문 모두를 닫는다. 하단문의 상부는 말이 물어뜯지 못하도록 금속으로 두겁(strip of metal)을 달아야 한다. 상부문은 말이 열수 없는 볼트 잠금장치로 고정되어야 하며, 하단문은 발로 여닫는 볼트 잠금장치(kick-over bolt)를 설치한다.

마방 안의 말은 신선한 공기를 항상 호흡해야 하므로 적절한 환기가 필수적이다. 상단 문은 항상 열어두고 높은 천정의 지붕이 환기에 필수적이다. 말에게 나쁜 것은 외풍이다. 환기를 돕고 마방을 채광하는 창문은 문과 같은 쪽에 배치하여 외풍이 들어오지 못하게 한다. 최대한의 환기와 채광을 위해서는 상단문의 곁에 두는 것이 좋다. 창문은 보호격자망을 두어 말을 보호한다. 지붕에 환기가 잘되게 처마에 루버(비늘문)를 달거나 지붕용마루를 높이는 방법으로 설계한다. 마장의 환기를 위하여 문과 벽면에 창문을 설치한다. 이러한 환기용 창문의 높이는 매서운 외풍이 직접 말에게 미치지 않도록 말의 머리보다 높게 설치해야 한다.

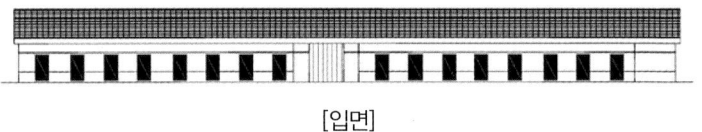

[입면]

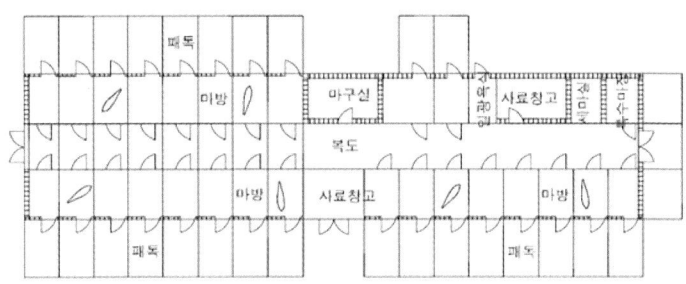

[평면]

연속형 박스평면 형태는 추운 지역의 마방 형태가 혹서나 혹한 지역의 나라에서는 아주 훌륭한 방법이다. 적절한 설계 및 건축을 통해 이러한 마방에 겨울에 난방을 공급하고 여름에는 냉방을 공급할 수 있는데 이 경우에도 환기에 세심한 주의를 기울여야 한다. 그러나 이러한 군집 배치는 전염병이 쉽게 전파될 수 있는 단점이 있다. 출입구나 중앙통로가 충분히 넓어 말이 서로에게 부딪치지 않고 움직일 수 있어야 한다.

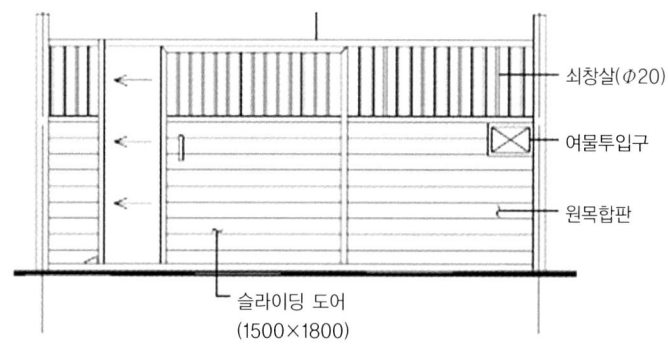

[마방 입면]

　이 경우에는 열렸을 때 중앙통로의 공간을 차지하지 않는 슬라이딩 문이 최적이다. 이동 통로는 항상 청결하게 관리되어야 한다. 말을 실내에 가두는 또 다른 방법은 군집마방(yard)이다. 이곳에서는 많은 말들이 같은 공간에서 생활하게 된다(지붕으로 완전히 덮거나 일부분만 덮기도 한다). 군집마방은 말을 깔짚 위에 집단 수용하므로 노동력을 절감할 수 있다. 말들은 서로 같이 자유롭게 지낼 수 있어 좋다. 그러나 서로 잘 어울리는 말들끼리 있도록 하지 않으면 서로 물어뜯고 발길질을 하여 좋지 않은 사태가 생길 수도 있다.

안전 체크리스트

① 물이나 거품소화기, 소방호스, 모래주머니 같은 화재진압 설비를 마방에 두어 화재를 예방한다. 화재예방 설비는 주기적으로 점검한다.
② 말이나 쥐 등 설치류가 갉아서 문제가 되지 않도록 모든 전선은 전선관(Conduit)으로 보호하여야 한다.
③ 모든 간이 부착물들은 말이 닿지 않는 곳에 설치한다.
④ 말이 닿지 않는 곳에 방수스위치를 설치한다.
⑤ 마방 내의 각종 부착용 철물은 최소한으로 설치한다. 말을 묶어두는 부착 고리 1개, 건초더미를 걸어두는 고리 1개 설치로 충분하며 물통이나 자동음수기, 여물통 등을 둔다.
⑥ 못, 스크루, 나무 가시 등이 돌출되었는지 수시로 확인한다.
⑦ 문의 각종 도어볼트, 힌지 등의 철물이 뻑뻑하지 않게 주기적으로 기름을 친다.
⑧ 모든 창문에 보호용 격자그릴(석쇠)을 설치한다.
⑨ 모든 배수시설을 청결하게 관리한다.
⑩ 열린 배수구는 튼튼한 격자그릴(석쇠)로 덮어둔다.

[실내 마방]

마방 설계 주요 고려요소

① 문을 오른쪽에 배치하여 왼쪽에서 끄는 말과 관리자가 자연스럽게 이동하도록 한다.
② 상, 하단으로 여닫이문을 설치, 마방 관리 작업이 용이하도록 한다.
③ 말이 머리를 내밀어 외부의 다른 말을 볼 수 있도록 한다.
④ 마방 문에는 2cm 미만의 두터운 고무판을 덧대거나 낮은 턱을 만들어 내부의 깔짚이 밖으로 나오지 않도록 한다.
⑤ 마방 바닥과 벽은 30cm 높이로 20도 정도의 부드러운 사면을 이루도록 한다.
⑥ 마방엔 날카로운 면이 없어야 하며 지붕은 여름철 열사를 감안하여 홑강판의 사용을 삼가야 한다.
⑦ 마방 3면벽은 높이 1m 80cm 이상으로 하되 먹이통 주변은 시선을 차단하게 가리고 그 외 부분은 파이프로 하여 서로 쳐다보게 한다. 이때 가림 판은 말이 물어뜯을 수 있는 목재판은 사용하지 않는다.
⑧ 벽체에 원목(kicking board) 설치는 말이 찰 때 소음이 크므로, 두께 2cm 이상의 고무판을 설치한다.
⑨ 마방의 벽은 마필이 일어서도 앞발이 벽의 상단에 걸쳐지 않는 높이로 한다.
⑩ 복도 가운데 높이가 낮은 배수구를 두어 물이 빠져 나가게 한다.
⑪ 말 장구류 보관실을 설치하되 통풍이 잘 되게 하여 곰팡이에 오염되지 않도록 한다.
⑫ 말 장구류 보관실은 반드시 시건장치를 한다.
⑬ 마방문의 반대편에 소형 마장(paddock)을 설치하여 말의 출입이 자유롭도록 한다.
⑭ 비둘기나 까치 등의 조류가 드나들지 못하도록 한다.
⑮ 최소 3m 이상의 천정 높이로 통풍이 용이하도록 한다.
- 통풍이 가장 중요하므로 자연환기 부족시 강제 환기설비를 설치한다.
- 마사는 운동장과 최대한 가까운 곳에 위치, 이동거리를 단축한다. 중복도는 3m 이상, 편복도는 2m 이상으로 하되, 마필 사체운반에 필요한 장비 통행도 고려한다.

[말사랑호스타운 마방 사진]

전형적인 박스형 마방 구조

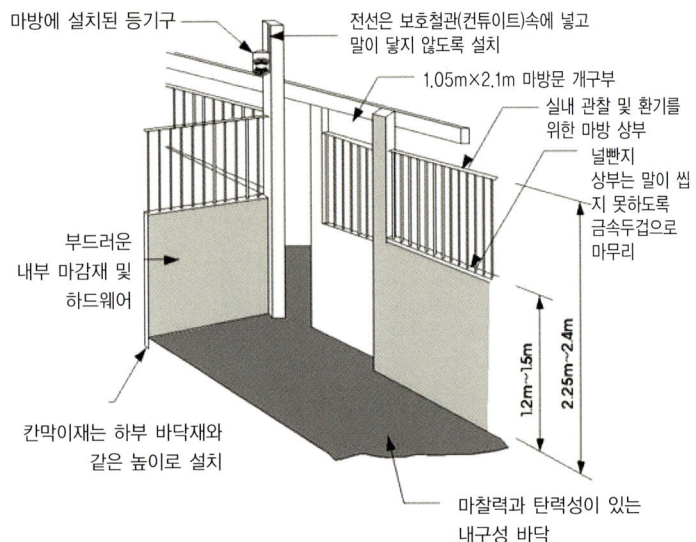

[마방 설계 예]

[마방 설계 실례]

3) 문과 창틀

① 외부에 면한 마방문

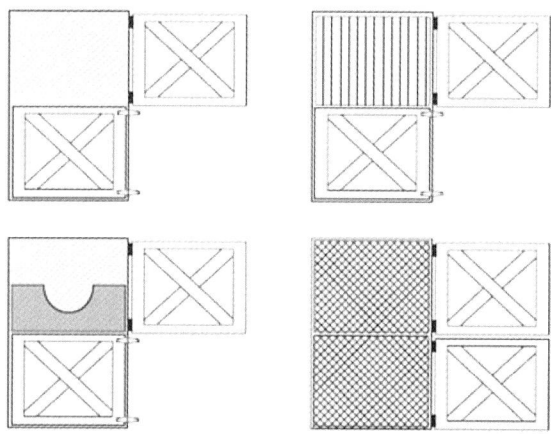

[마방문 설계 1]

② 내부통로에 면한 마방문

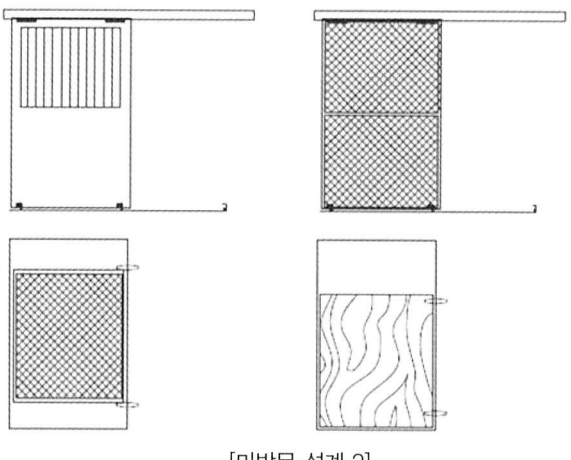

[마방문 설계 2]

4) 칸막이벽 설계

① 널빤지(하부)+수직격리창살(상부)

② 5cm x 15cm 패널 장부맞춤 목재, 18mm 합판, 혹은 콘크리트 블록

③ 40mm 간극을 둔 널빤지형. 전체면을 널빤지로 하거나 상부면은 와이어 메시를 사용. 가운데는 지지용 수직널빤지를 보강

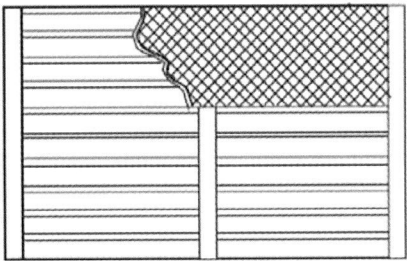

마방과 마방 사이의 칸막이는 일반적으로 5cm 두께의 참나무나 소나무가 쓰인다. 무른 재질의 나무를 사용하면 말이 차거나 씹어 손상되는데 하단부 1.5m 정도가 특히 취약하다. 지표면과 맞닿는 부위는 압축 처리된 나무 널빤지를 사용하여야 한다. 널빤지 대용으로는 18mm 두께의 합판을 사용한다. 수축, 변형되고 쪼개지는 널빤지보다는 합판이 내구성이 우수하다. 내화성능이 요구되는 곳에는 목재의 대안으로 콘크리트(블록 혹은 타설)나 석재로 칸막이를 구성한다. 콘크리트는 강도나 내구성은 좋지만 보온, 고비용, 말이 찼을 때의 부상 등의 단점이 있다.

마방의 칸막이는 말발굽이 끼지 않도록 마방의 바닥재와 면이 맞닿아야 하며 높이는 최소 2.4m는 되어야 한다. 널판은 최대 4 cm까지의 간격을 두고 설치하여 공기의 흐름을 원활히 할 수 있고 옆 마방의 말과 접촉이 되지 않게 한다. 이 경우 벽체의 길이가 3.6m 정도 되므로 중간에 포스트를 세워 말이 찰 때 부러지는 등 문제가 없도록 한다. 널판의 수평 끝단은 말이 씹으려 들 수 있으므로 금속재로 몰딩을 하여야 한다.

칸막이벽은 벽체 모든 면을 바닥에서 천장까지 막을 필요는 없다. 칸막이 상부를 개방적인 널판 등으로 막을 경우 환기에 더 좋고 마방의 마필도 더 잘 감시할 수 있다. 또한 말이 옆방의 말을 볼 수 있게 하고 마사 안에서 일어나는 활동을 관찰할 수 있어 지루하지 않고 악벽(惡癖)을 막을 수 있다. 개방형 칸막이 패널의 경우 바닥에서 1.2~1.5m까지 막힌 벽으로 상부는 개방형(수직창살형) 칸막이로 한다. 상부창살의 직경은 18mm에서 24mm의 파이프나 이와 동등한 재료로 설치한다. 수직창살은 최대 7.5cm의 간격으로 하고 와이어 메쉬를 쓸 경우에는 개구부가 약 5cm정도 되는 굵은(heavy-gauge) 철선이 들어간 것으로 한다. 전기용 철관은 창살로 쓰기에 적절하지 않다. 패널 사이의 개구부에 말발굽이 끼지 않도록 하기 위해서 칸막이용 철재 파이프 강도가 충분해서 말이 찰 때 구부러지지 않아야 하며 발굽이 사이를 지나가지 않도록 촘촘해야 한다. 어떤 말은 옆 마방의 말을 아예 볼 수 없게 해야 바른 행동을 한다. 이런 경우에는 임시적 개구부를 합판, 와이어 메쉬나 창살 파이프 등으로 막아주면 된다.

5) 고정철물(Fixtures)

마방 내의 각종 고정철물이나 도어 하드웨어 등은 편평하고, 견고하고, 날카로운 돌출부가 없어 말이 다치지 않도록 한다. 마방 내 고정철물로는 급수통, 자동급수대, 급이통, 말고정용고리, 건초더미 걸개(rack) 혹은 고리, 말 장난감 등 실내 부가 장식물 등이다. 철물을 구입할 때는, 비용, 내구성, 교체의 용이성, 청소성-특히 급이통 및 급수통-을 십분 고려해야 한다. 말은 행동이 민첩하고 힘이 센 동물로 마방 안의 구성 철물 등과 하루 종일 씨름하기도 한다는 점을 고려해야 한다. 고품질의 내구성이 강한 하드웨어로 장기간 문제없이 쓸 수 있어야 한다.

① 급이통 및 급수통

마방의 급이 및 급수기능은 분리해야 한다. 급수통이 급이통 안이나 인근에 있으면 말은 먹이를 씹는 동안 급수통 안에 먹이를 떨어뜨리는 습성이 있으므로 피해야 한다. 말이 차서 넘어뜨릴 수 있으므로 급수나 급이통은 바닥에 두지 말고 벽에 고정시켜 두어야 한다. 통의 테두리가 말의 흉부 바로 위 코 부근에 위치하는 것이 말이 접근해 흡입하는 데 좋고 말의 발굽과 걸리지 않게 된다. 이 높이는 말이 볼 일(마분)을 속에 보기 쉬운 높이이다. 통을 거는 고정철물은 편평하고 갭이 없고, 벽체에 확고하게 고정되어야 한다. 아이훅(eyehook) 같은 고리는 통고리가 있는 통에 알맞다. 말전용통을 공급하는 회사에서 이런 모든 사항을 고려한 철물을 공급하는 데 이를 사용하는 것이 좋다. 고정철물은 고정뿐만 아니라 제거도 용이해야 하고 용기를 자주 청소할 수 있어야 한다.

말의 먹이를 주는 방법은 마주에 따라 큰 차이가 있다. 통상 직접 바닥에 먹이를 뿌려주게 되면 말이 초지에서와 같은 자연스런 자세로 먹게 되는 장점은 있지만 이보다 마방바닥의 오물, 쓰레기, 먼지, 깔짚 등과 섞여서 좋지 않다. 마방 한 구석에 부채꼴 모양의 콘크리트 급이통을 만들면 바닥의 오염더미와 섞이지 않아 좋다.

② 사료 급이

목초를 담아 주는 건초선반(rack), 건초행낭(bag)이나 건초네트 등을 사용하면 말이 일정한 높이에서 풀을 먹을 수 있다. 이때 말의 호기심이나 킥으로 발이나 발굽이 걸려서 다치지 않도록 고리는 극도로 신경써서 선택하고 설치하여야 한다. 고정철물을 설치할 때는 말의 악벽이나, 개성, 행동 등을 고려해야 한다. 건초의 먼지가 말의 눈이나 콧구멍에 들어갈 정도로 너무 높아서는 안 된다. 말의 어깨 높이가 가장 적당하다. 너무 낮으면 말이 걸릴 수 있다. 선반의 모든 용접부위는 강성이 충분해야 하고 코너는 둥글고 편평해야 한다. 건초먹이를 공급하는 위치 (상하측면)에 대해서는 의견이 분분하다. 어떤 마주는 건초선반이나 건초네트는 좋지않다고 생각한다. 이유는 건초의 먼지로 인해 말의 호흡 및 짚의 포자(spores)로 인한 문제점이 생길 수 있기 때문이고 말의 먹는 자세도 자연스럽지 않기 때문이다. 이에 대한 최적의 대안은 말구유통을 설치하는 방안이다. 잘 설계된 구유는 나무로 만들어진 바닥과 같은 높이에서 시작해 말의 흉부(chest)높이까지 오는 통이다. 찌꺼기가 말구유통 바닥에 쌓이므로 자주 청소해서 제거한다.

③ 말 고리

말을 고정하기위한 말고리는 말의 어깨 높이나 그 이상의 높이에 종종 설치한다. 고리는 먹이통이나 물통으로부터 어느 정도 떨어진 곳에 설치하고 말의 등을 향하게 한다. 말을 손질하거나 마방을 청소할 때 말을 안전하게 둘 수 있는 위치이다. 벽은 말이 부딪칠 때 견딜 수 있도록 튼튼하여야 하고 고정 철물은 노출면이 편평하여야 한다.

6) 마방바닥 및 관리

마방 바닥은 말이 누워서 휴식을 취할 수 있게 바닥 짚을 충분히 깔아주어야 한다. 말이 누울 때 말 뒷관절의 부상(capped hocks)을 방지하는 효과도 있다. 바닥 짚은 말이 바닥에서 뒤척일 때 보호가 되고 딱딱한 바닥에 오래 서 있어 발생하기 쉬운 다리부위의 무리도 피할 수 있다. 말 중 특히 수말은 맨바닥위에는 소변을 잘 보지 않으므로 깔짚 위에 소변을 누게 하는 것이 좋다. 바닥 짚은 보온효과 및 바람에 대한 단열효과와 말을 깨끗하게 유지하는데 도움이 된다.
 바닥깔개에는 여러 종류가 있는데 각기 장단점이 있다.

① 짚(Straw)
 전통적으로 가장 많이 사용되고 경제적인 재료이다. 짚은 가장 따뜻하고 말에 편안한 바닥 재료로 배수성이 좋고 주변에서 쉽게 구할 수 있어 많은 사람들이 선호하고 있는 재료이다. 밀짚(Wheat straw)이 보리 짚이나 귀리 짚보다 말이 먹이로 좋아하는 재료여서 마방 바닥깔개로는 가장 좋은 재료이다. 보리나 귀리 짚은 가시라기(awns)가 많아서 말의 눈에 들어가거나 피부문제를 일으킬 수 있다.
 짚은 다른 형태의 바닥깔개재료보다 사용 후 처분도 쉽다. 사용 후 태워도 되고 퇴비로 업체에 팔수도 있다. 짚의 단점은 먼지에 미생물균 포자가 많다는 점이다. 이 포자가 말에게 알레르기를 일으켜 호흡기에 문제가 생긴다. 호흡기 문제가 말에 발생하면 충분한 산소를 흡입하지 못해서 작업능률에 문제가 생긴다. 말이 기침을 하는 것이 관찰되면 이런 문제의 초기 징후인 경우가 많다. 보통 마방 바닥을 처음 까는 경우 건초더미 약 4포대가 소요되고 바닥 잠자리를 유지하기 위해서는 하루에 반포대 이상을 추가로 보충해주면 된다.

② 나무 대팻밥(Wood shavings)
 나무 대팻밥은 말이 먹지 못하는 재료로 잘 관리하면 마방을 아주 깨끗하고 위생적으로 유지할 수 있다. 대팻밥은 먼지를 제거한 제품의 경우에 포자가 없어 위생적이어 짚에서 발생하는 호흡기 문제 등을 예방할 수 있다. 단점으로는 천천히 썩기 때문에 처분하기가 곤란하다는 점이다. 또한 나무 조각이나 못과 같은 날카로운 이물질이 묻어올 수 있으나 품질관리상태가 좋은 나무 대팻밥을 깔 재료로 쓰면 이런 문제는 발생하지 않는다. 화학 처리된 나무 대팻밥의 경우에는 말의 피부트러블을 일으킬 수 있다. 공기를 품고 있는 짚과 달리 대팻밥의 경우는 빈 공간이 작아 부피가 쉽게 줄어들며 덜 따뜻해 말이 누워있기에도 불편하다. 짚과 달리 대팻밥의 경우 맨 마룻바닥에 말이 접촉하게 되는 경우가 발생한다. 대팻밥의 경우 한 주일에 세 포대기 정도 소요된다.

[대팻밥 창고]

③ 오비오스(Aubiose)

오비오스는 삼베나무를 원료로 하여 만든 천연 바닥 재료이다. 먼지 알레르기가 있는 말에 특히 좋으며 흡수성이 아주 좋은 장점이 있다. 나무 대팻밥보다 4배, 짚보다는 16배 흡수성이 좋다. 최초 설치시 원재료비는 8포대 정도로 많이 드나 이후 유지보완으로 1주일에 0.5~1포대만 들어가므로 더 경제적이다. 처음 깔았을 때는 호스나 물뿌리개로 촉촉이 적셔주면 스펀지 같은 특성이 발현된다.

오비오스는 깔짚 바닥에 있는 수분을 흡수한다. 상부표면은 건조하고 마분만 걷어내고 편평하게 갈퀴질만 하면 되므로 노동력이 아주 절감된다. 재료에 수분이 차면 5~10일 간격으로 교체해주어야 한다. 두꺼운 바닥깔개를 깔고자 할 때는 이 재료가 좋다.

이 재료의 장점은 5~6주 만에 부식 발효되어 퇴비화된다는 점이다. 단점으로는 재료가 엉기지 않고 분리된다는 점이다. 재료 입자가 작고 부드러워 깔짚을 벽 한 켠에 두툼하게 둑을 쌓는 일이 어렵다는 점이다.

④ 파쇄종이(Shredded paper)

모든 깔짚 재료 중에서 먼지가 없어 가장 위생적이어서 짚 알레르기가 있는 말에 좋고 먼지로 인한 호흡기관련 문제를 일으키지 않는다. 마장마술용 말이나 경주용 말의 경우 먼지로 인한 질병이 발생하지 않도록 이 파쇄종이로 깔짚을 깔아 청결한 폐를 유지하게 한다. 수분을 쉽게 흡수해 포화되므로 다른 재료보다 더 두툼하게 깔아야 한다. 장점으로는 재료가 가벼워 다루기 쉽고 따뜻한 바닥자리가 유지된다. 단점은 인쇄된 종이일 경우에는 말 외피(특히 회색말)가 오염되어 마주나 마부에게 번거롭다. 종이바닥재는 바람이 부는 날에는 바닥 오물이 묻은 종이를 제거하는데 어려움이 있다. 1주일에 3포대 정도가 보충되어야 한다.

⑤ 피트모스(Peat moss, 草炭)

말 잠자리로 아주 안락하고 먹을 수 없는 재료로 처분하기도 쉽다. 무엇보다 불에 타지 않아 안전상 다른 재료보다 큰 장점이다. 반면에 재료가 비싸고 무겁고 자주 청소해야하며 물에 잠기거나 뭉치지 않도록 갈퀴질을 해야 한다. 재료 자체가 어두워 젖은 부위를 식별하기가 어렵다.

⑥ 고무바닥(Rubber matting)

고무바닥재는 바닥깔개로는 잘 사용되지 않는다. 이 재료는 먼지에서 자유롭고 몇 년을 쓰므로 유지비가 적게 든다는 장점이외에 여러 가지 단점이 있다. 우선 외관이 좋지 않고 따뜻하지 않으며 외풍을 막아주지 못한다. 수분을 흡수할 수 없고 마분이 흩어져 말이 짓뭉개곤 해 마방이 쉽게 더러워진다. 이 재료위에서 말의 편자가 잘 빠진다.(일반적인 깔 재료를 둘레에 제방같이 두툼하게 쌓아두는 것은 이런 측면에서 예방이 된다). 마방 청소는 호스를 사용해 빨리 쉽게 할 수 있는 장점이 있다.

⑦ 마방 바닥관리 (Management of Beds)

마필이 가능한 한 청결한 환경에서 건강하도록 마방의 깔짚을 수거하고 잘 깔아주어야 한다. 깔짚에는 볏짚, 밀짚, 보릿짚, 우드칩, 톱밥, 나무껍질, 피트모스 등이 있다.

⑧ 깔짚 수거

깔짚을 정리할 때는 말을 마방 안에 묶어둔다. 그러나 마필을 완전히 다른 곳으로 옮겨 작업하면 작업이 쉽고 먼지 등의 흡입을 예방할 수 있다. 마방의 오물은 매일 치울 수도 있고 두꺼운 깔짚을 깔아 정리횟수를 조절하기도 한다. 가능한 한 매일 마분뇨로 오염된 깔짚을 청소할수록 좋다. 최선의 방법은 깔짚을 완전히 청소해 내고 바닥을 건조시키는 것이다. 깔짚을 수거할 때는 말에서 일정거리 떨어져 작업한다. 먼저 준비된 손수레에 오염된 깔짚과 분뇨를 깨끗이 정리한다. 톱밥도 동일한 요령으로 작업한다.

[깔짚 수거 모습]

작업 시 주의사항

① 마필이 연장에 의해 다치지 않도록 각별히 주의한다.
② 감기 및 전염성이 의심되는 마방은 물청소를 실시하고 말린다.
③ 모든 작업이 끝난 뒤에는 간이 손 분무기를 이용해 철저히 소독한다.

    청소도구에는 외바퀴손수레, 오물을 담아 옮기는 넓은 오물제거용 시트(muck sheet), 갈퀴삽, 억센 털이 달린 막대빗자루가 있다. 짚깔개를 정리할 때 갈퀴 수에 따라 사지삽이나 이지삽, 삼지삽을 사용하는데 사용자의 숙련도에 따라 적절한 갈퀴삽을 선택한다. 대팻밥 깔개를 정리할 때는 갈퀴수가 많은 삽을 사용하는 것이 편리하다. 오물 제거용 쉬트에 오물을 담아 쉬트를 들어 옮긴다. 삽은 넓고 큰 것이 편리하다.

    오물쉬트나 외바퀴손수레는 문 입구에 가로질러 놓고 보이는 마분을 모아 쉬트 위나 손수레 안에 담는다. 깔짚은 마방의 문 쪽의 벽면 쪽이나 말을 묶어둔 곳에서 먼 곳의 벽면 쪽부터 청소한다. 마방이 클 경우에는 다른 벽면을 사용할 수도 있으며 모든 구석이 마르도록 돌아가면서 깔짚을 청소하여야 한다. 미리 정한 한쪽 구석을 먼저 청소한 뒤 이곳에 깨끗한 깔짚을 놓는데 사각형 모양으로 쌓아올려 두는 것이 공간을 적게 차지하므로 좋다. 모든 분이나 오염된 깔짚을 오물쉬트나 외바퀴 손수레에 담아 전체 마방 바닥이 다 청소되도록 한다.

⑨ 깔짚깔기

마방의 청결상태를 유지하고 마필의 찰과상을 예방하고 발의 충격을 흡수하며 마방의 보온유지와 배설물의 흡수를 원활히 하기위해 깔짚을 수거한 뒤에 새 깔짚을 깐다. 마스크를 착용하며 약 30~40kg의 깔짚(볏짚)을 준비한다. 톱밥인 경우에는 10~15포 정도를 준비한다. 이때 젖었거나 곰팡이가 핀 깔짚은 버린다. 뭉치지 않게 골고루 펴서 고르게 한 후 적당량의 두께로 고르게 깔렸는지 확인한다. 깨끗한 깔짚을 얇게 바닥전체에 깔아준다. 마방 안에 있는 말을 빗질하고 실내운동을 시키는 동안 이 깔짚은 그대로 두어 중앙과 주변 모서리가 모두 건조되는 것을 확인한 다음에 적당한 두께로 깔짚을 덮어 마무리한다.

추천할만한 방법은 아니지만 매일 마방의 일정벽면쪽 부분을 완전히 정리하여 깔짚이 주기적으로 완전히 뒤집어 지게 한다. 깔짚을 다시 깔 때는 기존에 있던 깔짚을 활용하여 바닥전체에 골고루 깔리도록 한다. 외풍을 방지하기 위해 문 쪽에는 두툼하게 둑이 되게 깐다. 새 깔짚은 말이 먹기도 하므로 새 깔짚을 깔 때는 기존 사용된 깔짚 위에 깔아 말이 먹지 못하게 한다. 두툼하게 모서리나 문 쪽에 깔짚 둑이 형성되게 쌓아두면 말이 눕거나 몸을 구를 때 무릎이 접혀져 일어나지 못하는 사태를 방지할 수 있다. 저녁이 되면 깔짚 상태를 점검해서 마방 바닥 전체에 골고루 깔짚이 깔리도록 하고 모서리는 둑이 형성되도록 잘 정돈한다.

⑩ 두꺼운 깔짚을 까는 경우(deep litter system)

마방이 충분히 넓어야 하고 환기가 잘되어야 한다. 마방이 작으면 깔짚이 빨리 흠뻑 젖는다. 이 경우는 마분만 수집하고 밑에 있는 젖은 깔짚은 건드리지 않기 때문에 전반적인 일손을 줄일 수 있지만 상대적으로 마분을 자주 제거해야 한다. 밑의 깔짚을 건드리지 않고 매일 새로운 깔짚을 보충해준다. 이 방식은 낮에 말이 밖에 나가서 활동하는 경우에 실내건조가 잘 이루어지므로 적합하다. 이 방식은 겨울에는 따뜻하고 최장 6개월까지 그대로 깔아둔 채 유지한다. 그러나 깔짚이 너무 높게 쌓이거나 냄새가 나기 시작하면 깔짚을 완전히 제거해야 하며 새 깔짚을 깔기 전에 마방을 완전히 건조해야 한다. 마방의 목조부분이 오래된 깔짚에 접촉될 경우는 습기 때문에 나무가 상하는 문제점이 있으므로 잘 관리해야 한다.

⑪ 적절히 두꺼운 깔짚을 까는 경우(semi-deep litter system)

또 다른 대안으로 마분과 심하게 오염된 깔짚 부위만 치우면 되는 방식이다. 전체 마방은 일주일에 한번 혹은 수주일에 한번 간격으로 깔짚을 완전히 교체한다. 대팻밥 깔짚 방식의 경우에 이 방식이 가장 좋다.

작업유의사항

① 마필이 마방에 있는 경우에 말이 놀라지 않게 세심한 주의를 기울인다.
② 먼지가 심하게 나지 않도록 주의하여 작업한다.
③ 낫 등 날카로운 연장의 사용시 주의하며, 노끈, 빈푸대 및 포장지(비닐랩) 등은 철저히 수거하여 마방에 남아있지 않도록 한다.

⑫ 마분수거 작업절차

마분(馬糞)을 점검하면 마필의 소화상태 및 건강상태의 확인이 가능하다. 마방에 문제가 있으면 말에 종기가 발생하기도 하므로 청결 유지가 아주 중요하다. 마방을 청결히 유지하려면 말똥을 바구니(철, 고무, 플라스틱 소재)로 일정시간 간격을 두고 치워야 한다.

작업유의사항

① 도구를 이용해 눈에 보이는 마분을 제거한다. 깔짚에 덮여 눈에 잘 띄지 않는 것을 찾아낸다. 마분을 청소할 때에는 밑에 있는 깔짚도 일부분 들어낸다. 만일 말이 마방 안에 있을 때에는 마필의 왼쪽에서부터 오른쪽으로 돌면서 수거한다.
② 깨끗한 짚은 가능한 그대로 두고 들어낸 마분은 광주리에 담는다.
③ 깨끗한 깔짚과 더러운 깔짚을 분리한다. 깨끗한 깔짚은 벽 쪽으로 몰아넣고 더러운 깔짚은 바닥에 남겨 놓는다.
④ 바닥에 남아 있는 먼지, 마분, 더러운 깔짚 등을 쌓아서 더미를 만들어 쉽게 치울 수 있도록 한다.
⑤ 삽을 이용하여 바닥에 모아둔 오염물을 손수레에 옮겨 담는다.
⑥ 톱밥을 이용하는 마방도 위의 방법과 동일하게 작업한다.
⑦ 손수레에 담은 마분은 일정한 수거장소로 옮긴다.
⑧ 마방에 마필이 없는 경우
　가. 마방 내에 마분이 남아있지 않도록 깔끔히 청소한다.
　나. 담배를 피거나 음주 상태에서 작업하지 않는다.
⑨ 마방에 마필이 있는 경우
　가. 마방에 들어가기 전 신호를 보내어 마필이 흥분하지 않도록 한다.
　나. 마필에 위험한 물건 및 약물이 있어서는 안 된다.
　다. 기립벽, 축벽, 무는 말 등 악벽이 있는 마필은 각별히 유의하여야 한다.
　라. 작업을 소란스럽게 하여 마필을 놀라게 해서는 안 된다.

⑬ 교체된 짚거름관리

짚거름 더미를 잘 관리하여야 한다. 마방에 가까운 곳이 좋으며 냄새가 나지 않도록 바람이 마방에서 불어나가는 쪽에 배치한다. 대형 트럭이 접근하기 좋게 건조하고 편평한 곳이 좋다. 거름더미는 3면을 콘크리트블록으로 막아서 보관하는 것이 관리하기가 좋다. 통로나 차도에서 떨어진 곳에 배수구를 반드시 두어야 한다.

7) 사료 (Feeds)

사료는 조사료, 농후사료, 단백질사료, 특수사료로 분류할 수 있다.

① 조사료

○ 청초

야초, 목초, 청예사료 등이 이에 해당되는데 청초는 초식동물인 말의 조사료로서 휴양중인 말, 그리고 망아지에게 좋은 조사료이다. 방목지의 청초는 영양적 가치뿐만 아니라 풀을 채식하면서 자연스럽게 운동을 할 수 있다는 것이 큰 장점이다.

○ 건초

건초는 벼과 목초로 콩과 목초 및 사료작물을 베어 건조시킨 조사료이다. 섬유질이 많고 소화속도가 느리므로 일시에 너무 많이 주게 되면 소화 장애를 일으키거나 쉽게 지치게 된다. 최대한 에너지를 얻어야 하는 경주마는 일단 조교에 들어가기 시작하면 조사료의 급이를 최소화하고 소화가 잘되는 혼합건초를 제공한다.

[조사료의 일종인 건초]

② 농후사료

○ 보리

보리는 귀리보다 에너지 수준이 높지만 섬유소는 적다. 파쇄해 후레이크(열처리)로 만들거나 미분 처리하여 먹인다. 보리 후레이크에 끓는 물을 붓고 식혀서 만든 곤죽으로 먹이기도 한다. 보리는 부드럽게 삶지 않으면 소화가 어려우니 절대로 날(生)로 먹여서는 안 된다. 끓는 물에 담아서 뚜껑을 닫아 두었다가 장시간 끓여서 알곡이 까지고 부풀면 부드럽게 하여 급이한다.

○ 귀리

귀리는 말 사료로 최고로 친다. 잘 익은 씨앗을 덮고 있는 껍질은 말이 음식물을 씹는데(咀嚼)도움이 되고 말이 급하게 먹어 소화에 문제가 생기는 것도 예방해 준다. 하나의 단점은 귀리는 칼슘, 인의 비율이 낮다는 점이다. 조사료에 있는 미네랄과 균형을 유지하려면 보충사료가 필요하다. 귀리는 모든 말에 적합한 것은 아니고 어떤 말에 먹이면 발열효과가 있어 다루기 힘들어지므로 조심해야 한다. 귀리는 가볍게 압착가공 해야 하며 2-3주안에 먹이는 것이 영양분의 손실이 최소화된다.

[농후사료의 일종인 보리와 귀리]

○ 밀겨 또는 밀기울

밀의 부산물로 섬유소가 많고 운동을 하지 않는 말이나 저단백질 급이 때 사용한다. 작은 양을 건조 상태로 곤죽과 같이 다른 사료와 섞어서 먹인다. (밀겨를 한줌의 소금과 함께 통에 넣고 끓는 물에 부어 묽게 급이하면 기호성이 좋고 소화력이 탁월하다)

○ 당밀

당밀은 설탕 제조에서 나오는 부산물이다. 외관이 검고 끈적끈적하며 말들이 먹기 좋아한다. 에너지를 공급하기위해 사료에 소량을 섞어 먹이면 말의 가죽이 윤기가 나고 식성이 까다로운 말의 식욕을 돋울 수 있다.

○ 옥수수

다량의 탄수화물(65~75%)을 함유하고 있기 때문에 아주 좋은 에너지 사료이다. 섬유질이 아주적어(2~5%)소화가 잘되지만 처음 급이시 많이 주어서는 안 되며 전립상태나 가루상태가 안 되도록 해서 먹어야 한다.

③ 단백질사료

○ 콩

단백질과 지방이 다량함유 되어 있고 소화가 잘되므로 어린 말과 쇠약한 말의 영양개선을 위해 급이한다. 물에 불리거나 살짝 삶은 후 급이하는 것이 좋다. 대두에서 기름을 짜내고 남은 찌꺼기인 콩깻묵은 제조방법에 따라 성분과 영양가가 차이가 나지만 우수하고 소화가 잘되는 단백질 공급원이다.

○ 면실박

목화씨에서 기름을 짜고 남은 찌꺼기로서 대두박 다음으로 많이 사용되고 있다. 인이 풍부하나 고시풀이라는 유독화합 물질에 들어 있어 과식하면 산통을 일으킨다.

○ **아마인박**

마씨에서 기름을 짜낸 후의 부산물로서 단백질 함량이 평균35%이다. 칼슘과 비타민D가 풍부한 단백질 보강제로서 완충작용 및 털의 윤기를 좋게 해준다.

④ **특수사료**

특수사료에는 성장촉진제, 영양소의 보충을 위한 필수 아미노산과 무기물 등 배합사료의 질 향상을 위한 첨가사료, 당근과 같은 식욕증진과 칭찬 또는 애무 목적의 사료 등이 있다.

[특수사료]

[말 사료 창고]

⑤ 사료 급이

○ 일일 사료섭취량
- 휴식(농후사료는 공급하지 않고 정상체중을 유지할 정도만 공급)
  조사료(체중%) 1.5~2.0, 농후사료(체중%) 0~0.5, 계(체중%) 1.5~2.0(조 : 농후 = 100 : 0)
- 가벼운 운동(약간의 속보와 한 시간 이내의 운동)
  조사료 1.0~2.0%, 농후사료 0.5~1.0%, 계 1.5~2.5%
- 본격 운동(약간의 장애물, 구보, 속보 운동)
  조사료 1.0~2.0%, 농후사료 0.75~1.5%, 계 1.75~2.5%
- 심한 운동(경주포함 하루 2시간정도의 운동)
  조사료 0.75~1.5%, 농후사료 1.0~2.0%, 계 2.0~3.0%

주의 : 일반적인 기준이며 말과 작업의 특성을 고려하여 결정하여야 한다. 어떤 경우에도 조사료의 중량대비 비율이 25%이하로 떨어져서는 안 된다.

○ 급이시간

소량씩 여러 번 나누어 급이하는 것이 좋다. 아침, 점심, 저녁 그리고 야식으로 나누어 급이하는데 곡류사료는 보통 일일 3회 급이하나 휴식시간이 많은 저녁은 곡물량을 약간 증가시켜 주는 것이 좋다. 건초를 급이할 때는 아침과 점심에 각각 하루 급이량의 1/4씩 공급하고 나머지 반은 야식으로 급이한다.

조사료와 농후사료의 배합비율은 말이 수행하는 작업의 종류와 양에 따라 달리해야한다. 가벼운 운동을 하는 말은 에너지소비가 크지 않으므로 농후사료를 많이 먹일 필요가 없다. 반면에 작업량이 많은 말(사냥이나 이벤트 참여)은 농후사료 비중을 늘려야 한다.

말의 체중을 주기적으로 재어 건강상태를 확인하며 먹이의 양과 종류를 정하여야 한다. 날씨가 좋지 않을 경우에는 추가적으로 보충사료를 공급하지 않으면 말이 건강을 잃을 수 있다.

○ 급이방법

청초와 건초 등의 조사료는 마방 안에 있는 말들이 무료함과 공복감을 느끼지 않도록 급이시간대 이외에 다량 투여하여 자유롭게 섭식할 수 있도록 해주는 것이 좋다.

[청초]

보리, 콩, 귀리 등의 농후사료를 급이할 때는 조사료와 동시에 급이하면 충분한 저작, 균등한 영양 공급 및 사료의 기호성 증대 효과가 있다.

[보리, 콩, 귀리와 조사료]

식염 등의 전해질 및 필수 무기물 공급을 위해 벽돌 형태의 무기물 블록을 마방 안에 정착시키는 것도 효과적인 사양 방법의 하나이다.

[벽돌 형태의 무기물 블록]

○ 급이원칙

- 각 말의 나이와 체중을 정확히 알아야한다.
- 사료의 무게를 기준으로 급이해야 하며 부피로 급이해서는 안 된다.
- 급이 사료를 갑자기 변경해서는 안 된다.
- 곰팡이가 있거나 또는 먼지가 많거나 열이 있는 사료는 절대로 급이해서는 안 된다.
- 규칙적으로 급이하여 말이 사료 급이 시간을 예측할 수 있도록 한다.
- 사료를 급이할 때는 말에 이상이 있는지를 살펴야하며 단지 사료만

사료통에 무관심하게 붓고 지나가는 일은 없어야 한다.
- 말이 배설한 마분을 관찰한다. 마분의 양, 냄새, 색깔, 성분 등을 잘 관찰하면 말의 건강상태를 알 수 있다.
- 사료통을 자주 점검해 본다. 말이 사료를 거부하는 원인은 과식을 했거나 사료에 이상이 있거나 아니면 아플 때이다.
- 사료통과 물통은 항상 깨끗해야한다.
- 사료를 지나치게 많이 급이하지 않는다.
- 사료를 급하게 먹는 말은 천천히 먹도록 유도한다. 사료통이 좁고 깊으면 어떤 말들은 씹지 않고 삼키기도 한다. 큰 사료통을 이용하여 사료가 흐트러지게 하거나 사료통 중간에 둥근 돌 같은 것을 놓으면 말이 사료를 천천히 먹을 수 있다.
- 수줍음을 많이 타거나 겁이 많은 말들은 혼자 조용한 곳에서 사료를 먹게 해준다.
- 손으로 사료를 직접 주어서는 안 된다.
- 마사에서 가두어 관리하는 말들은 매일 운동을 시켜야한다.
- 말이 피로를 느끼거나 스트레스를 받을 정도로 지나치게 운동시키지 않는다.
  - 힘든 운동을 한 후 1시간 이내에는 농후사료를 급이하지 않는다.
  - 기호성이나 습관 등을 고려하여 사료를 급이한다.
  - 나무를 갉아 먹지 못하게 한다. 이러한 습관은 지루하거나 운동 부족, 알맞은 조사료의 결핍시 발생한다.
  - 치아를 건강하게 관리한다.
  - 건강하며 사양관리가 잘된 말의 특징은 무엇인지 알아야 한다.

○ 사료보관
- 사료는 곤충이나 쥐 또는 말이 함부로 먹지 못하도록 철재 또는 플라스틱 통에 보관한다.
- 말에게 양질의 사료를 급이해야 한다. 오래 저장해두면 변질되기 때문에 한꺼번에 2~3주 이상 먹일 양을 구매하는 것은 바람직하지 않다.
- 새로 구입한 사료를 통에 넣기 전에 반드시 전에 넣었던 사료를 모두 비워야 한다. 그렇지 않으면 새 사료가 변질된 사료와 혼합되기 때문이다.

8) 식수

말 체중의 약 60%는 물로 구성되어 있다. 물은 몸의 체액 속에서 혈액순환, 소화, 배설이 제대로 기능하는데 중추적인 역할을 한다. 말은 여물을 먹지 않고서는 수 주일을 살 수 있어도 물을 먹지 않고서는 며칠 밖에 살지 못한다. 매일 마셔야 하는 물의 양은 말의 섭생, 기후상태, 작업량, 전반적인 건강상태에 따라 다르다. 마방에서 키우는 말은 하루에 약 37리터쯤 섭취해야하고, 적게는 20리터 많게는 40리터 사이의 물을 섭취해야한다. 옥외에서 풀을 뜯는 말은 풀에 있는 수분을 섭취할 수 있으므로 마방의 말보다는 물 섭취량이 적은 편이다. 기후가 덥고 습도가 높으면 물을 많이 섭취해야하고 힘든 작업 후에는 땀을 많이 흘리므로 물을 많이 섭취해야 한다. 말이 아프면 물을 잘 마시지 않는다. 마방의 마필이 항상 신선하고 깨끗한 물을 먹을 수 있게 상비해두어야 한다. 물의 온도는 동절기 5~7℃, 하절기에는 15~23℃ 정도 범위가 적당하다. 마방에 돌출되는 모든 부착물은 말에게 상해를 입힐 수 있는데 자동급수장치도 예외는 아니다. 또 말이 급수장치를 손상시키기도 한다. 물 공급은 매일 엄격히 점검해야하는데 물이 부족하면 말이 스트레스를 받고 너무 많이 공급하면 깔짚바닥이 물에 젖어 축축하게 된다. 배관할 때는 겨울에 얼지 않도록 주의해야 한다.

말 급수 시 반드시 지켜야할 사항

① 마방에 항상 깨끗한 식수를 지속적으로 공급하라.
② 사료를 먹이기 전에 항상 물을 먼저 먹여라. 급식 30분전에는 꼭 급수를 하며 몸 상태를 파악하여 이상이 없는지 확인한다.
③ 물을 많이 먹은 직후에 말이 바로 힘든 일을 하지 않게 한다.
④ 힘든 작업(사냥이나 크로스컨트리 등)뒤에는 말에게 소량의 물을 먹여라. 말이 그만 먹을 때까지 약 15분마다 약2.5리터씩 먹인다.
⑤ 전해질 액체(운동중 소모된 미네랄 성분을 보충)를 줄때는 물도 같이 먹인다.
⑥ 물을 담는 모든 용기는 청결히 관리한다.
⑦ 자동급수장치는 매일 점검한다.

3. 소방계획

1) 대지배치 계획 및 시공 고려사항

마사 및 부속건물을 배치하기 전에 소방법 및 해당 지역의 조례 등 관련조항을 확인하여야 한다. 일반적으로 소방법은 해당 건물의 용도와 바닥면적을 근거로 건축 및 화재예방 설계기준이 제시되어 있으므로 신축을 할 때 이를 계획단계에서 충분히 고려해야 한다.

2) 화재진압을 고려한 부지계획

화재 예방 및 진압을 고려해서 시설물을 계획해야 한다. 대형 구난차량이 접근가능토록 설계한다. 마사 및 부속건물에의 접근로나 교량은 소방차 등 구난차량이 접근할 수 있도록 넓게 계획해야 한다. 3.6m 정도의 도로 니비에 다리는 소빙차량이 접근해아 한다. 건물간 화재의 확산을 방지하는데 가장 효율적인 수단은 인동간격을 확보하는 것이다. 이격거리는 복사열을 통해 건물간 불이 옮아 붙는 것을 막을 수 있다.

15m 이격거리면 진압차량이 충분히 진입해 소방 활동을 펼칠 수 있다. 접근로는 젖은 상태에서도 소방트럭 등 진압차량을 충분히 지지할 수 있는 지내력이 있어야 한다.

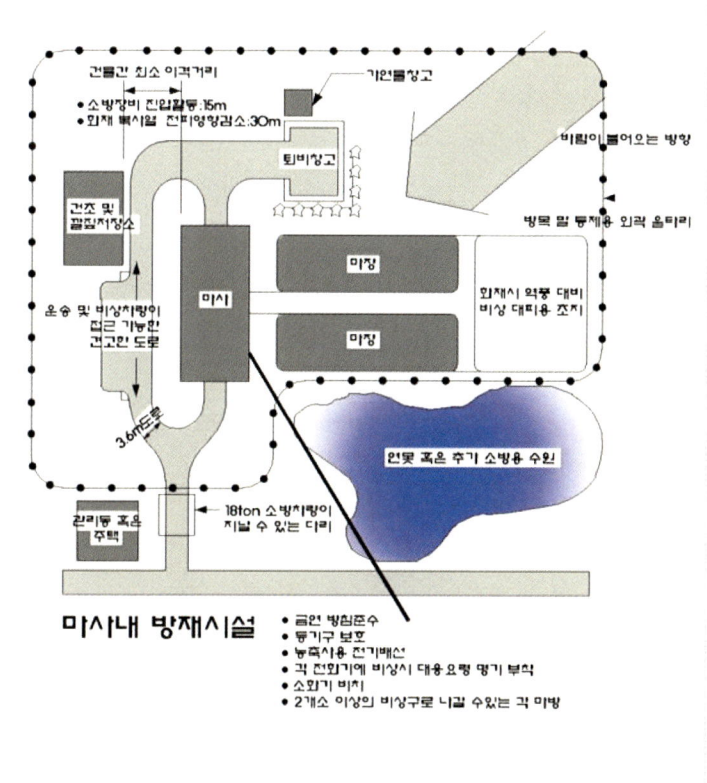

[화재예방 및 진압을 고려한 부지 설계]

3) 건축재료

건축 재료의 방화성능을 평가하는 데는 3가지 기준이 있다. ①탄화면적율 (화염전파율, Flame spread rate) ②연기발생 (Smoked-development) ③방화등급(fire rating) 이 있다.

화염전파율은 재료별로 화염이 얼마나 잘 전파/억제 되느냐 하는 정도를 말한다. 각 재료가 표준재료인 콘크리트와 나무에 비해 상대적인 방화 성능이 어떠한지 표시하는 평가이다. 콘크리트는 0이고 원목은 100이다. 낮을수록 표면을 타고 화염이 전파되기 어렵다.

연기발생은 불이 닿았을 때 상대적으로 연기가 적게 발생하느냐를 나타낸다. 연기발생이 적으면 시야가 좋아지고 유독가스의 양이 적으며 화염이 연기 입자나 가스를 통해 전파되는 것을 줄일 수 있다.

방화등급은 건축 재료가 얼마나 오랫동안(분 단위) 화염상태에 있는지를 밝히는 지표이다. 오랫동안 화염의 진행이 억제될수록 그만큼 화재진압활동이 성공할 가능성이 커진다.

마사에 많이 쓰이는 메탈사이딩 복합패널은 화염전파율은 낮지만 철판의 열전도율이 높기 때문에 뒤에 있는 인화 물질에 점화되기 쉽다. 적절한 소재를 내화성능을 비교해 사용한다. 조직조(벽돌)나 단면이 두꺼운 처리된 목재 등을 사용한다. 처리된 목재를 사용할 때는 말이나 목초에 유해한 성분이 함유되면 다습한 환경에서 유출되어 말이 흡입할 수 있으므로 주의를 기울여 선택해야 한다.

4) 피뢰설비

피뢰침과 같은 설비는 모든 마사에 설치해야 한다. 피뢰침은 가장 높은 곳에 설치하여 고전도 케이블을 통해 지표면 아래로 방전되게 한다.

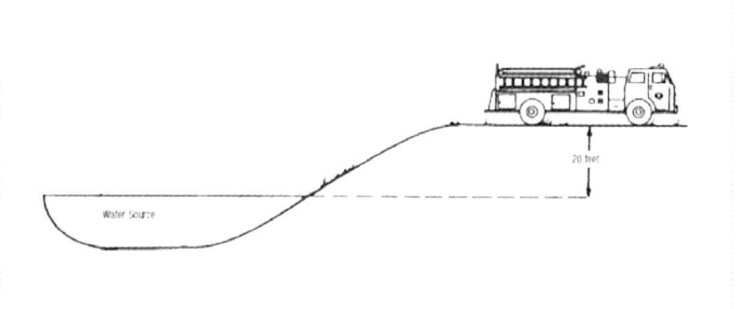

[소화수원과 소방차간의 최대 고저차]

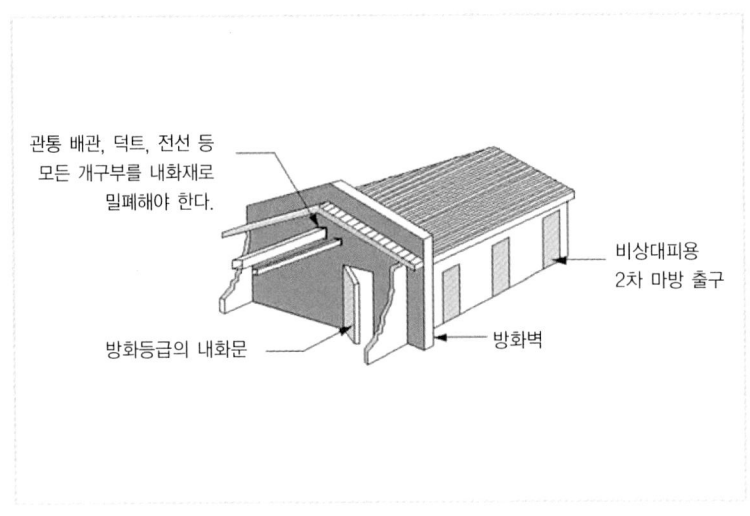

[화재의 확산을 방지하거나 지연시키는 방화벽]

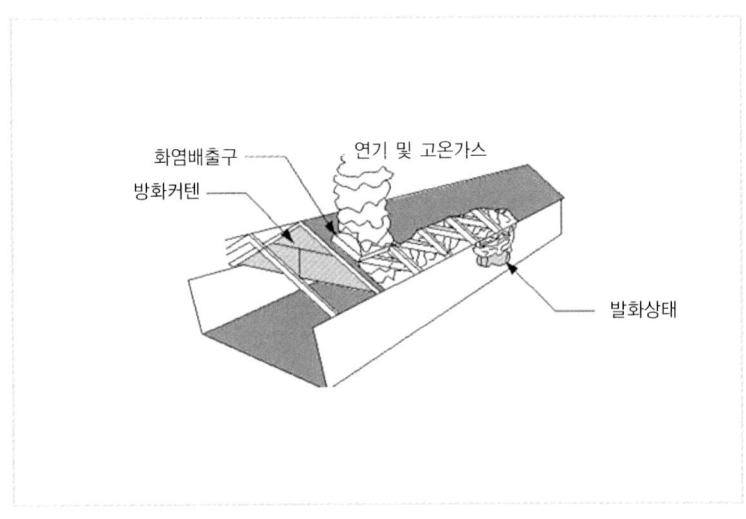

[열, 연기, 화염의 수평확산을 제한하거나 지연시키는 방화커텐(Fire curtain)]

5) 연기탐지기

　연기탐지기는 거미줄이나 먼지 등이 끼지 않도록 관리한다. 대부분의 연기탐지기는 거주용으로 개발되기 때문에 먼지가 많고 습한 마사에 설치되기 어려운 경우가 많아 기종 선택에 주의하여야 한다.

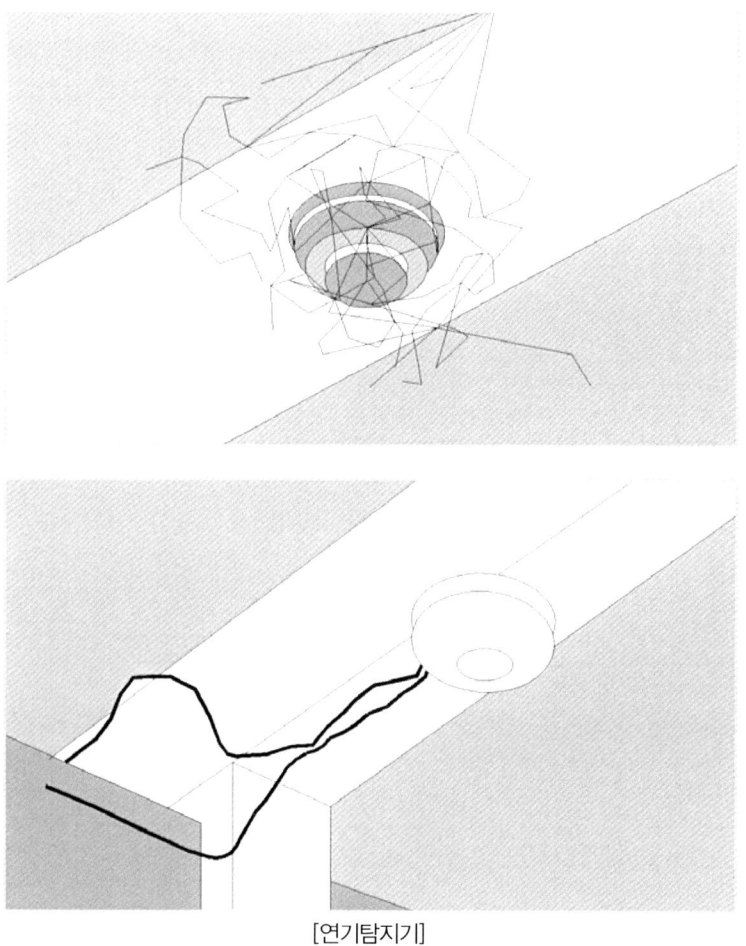

[연기탐지기]

6) 마방에 설치된 스프링클러

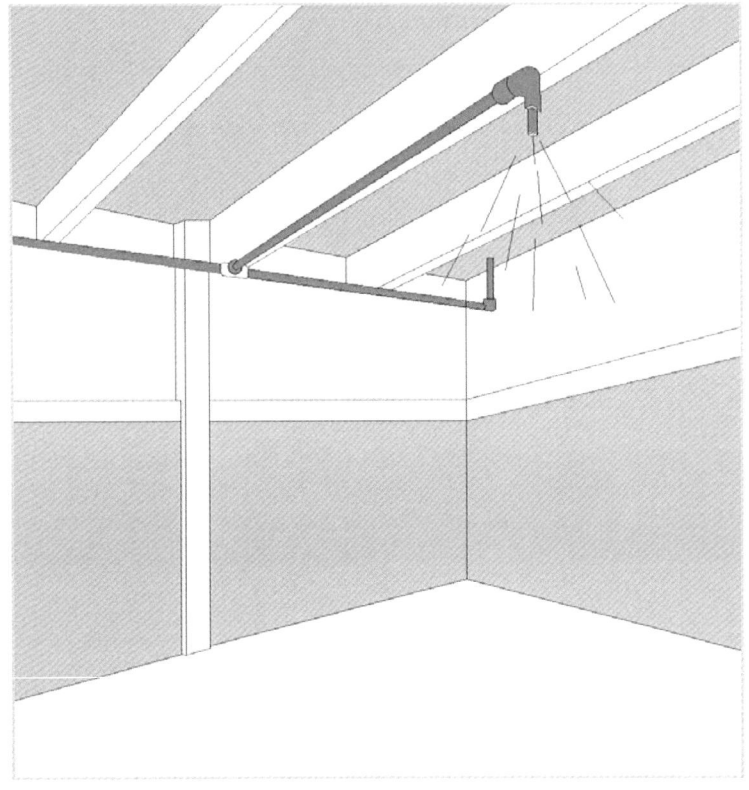

[스프링클러]

4. 환기계획

 환기의 목적은 말이 신선한 공기를 흡입할 수 있게 하는 것이다. 환기를 위해 마사내로 신선한 공기를 끌어들이고 오염된 공기를 내보내는 개구부를 충분히 확보하는 것이 관건이다. 마방의 마필에게 항상 신선한 공기를 공급하는데는 여러 가지 방법이 있다. 마방은 건축구조상 기밀한 구조로 설계되지는 않아 틈새바람 등 공기가 들어오는 구멍이 생길 수밖에 없다. 그러나 가정과 비교할 수 없을 정도로 실내 환경은 마분, 습도, 악취, 먼지, 깔짚 덩어리 등으로 열악하다.

 환기는 더운 날씨에는 열기를 제거한다. 추운 날씨에는 차가운 바람이 실내로 들어오지 않도록 문과 창문을 닫아 마필을 보호한다. 겨울철 환기의 목표는 단순한 온도조절을 벗어나 습도, 악취, 마분으로 인한 암모니아 발생 등 환기 부족으로 발생하는 많은 문제점을 해결하여야 한다. 습도는 말의 호흡이나 말 목욕 및 시설청소 등에서 발생한다. 실내 습도가 높아지면 결로(이슬 맺힘)현상이 발생되고, 악취가 심해지고, 암모니아 발생량이 증가한다. 따라서 병원균이 활동하기 좋은 환경이 된다. 다음의 그림과 같이 환기의 2가지 목표는 실내공기의 교체와 순환이다. 적절한 환기는 이 2가지를 모두 충족하여야 한다.

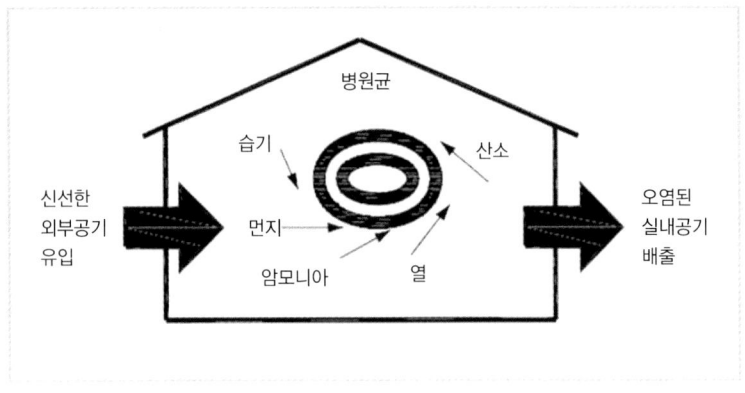

1) 설계시 일반적인 환기 고려사항

① 마필이 쾌적한 상태는?

말의 쾌적온도 구간은 7℃~24℃이다. 인간의 쾌적온도 구간은 말의 쾌적온도 구간의 상단부에 있다. 말은 추위를 잘 견디고 외부 활동 시에 한풍에도 잘 적응한다. 털이 많은 말은 적절한 사양(飼養)이 공급될 경우 영하 18℃에서도 견딘다. 일반 말도 적절한 등가리개(rug)나 천을 덮을 경우 차갑고 건조한 실내 환경에서도 잘 적응한다.

② 잘 환기되는 마방은?

겨울 마방의 실내 환경은 외부와 마찬가지로 추위도 괜찮지만 결로현상이 생기지 않는 건조한 공기여야 한다. 추우면서 다습한 환경은 마필에 좋지 않다. 여름에는 서까래나 차양시설로 인해 쾌적한 온도를 유지하기 쉽다. 겨울철 마방은 바깥보다 3℃~6℃ 정도 높은 것이 좋다. 이러한 가이드라인은 아주 추운 지역에서는 실내에 얼음이 얼 수도 있다는 것을 의미한다. 따라서 추운 날씨에 영상으로 온도를 유지하기 위해서 마사를 밀폐환경으로 만드는 것이 공기의 질이나 말의 건강에 좋지 않다는 점을 명심할 필요가 있다. 실내에 결로가 생기면 환기가 불충분한 반증이므로 적절히 환기해야 한다.

③ 외풍(drafts)이란?

외풍(drafts)은 말에게 불어 닥치는 찬 공기를 일컫는다. 마필은 사람보다 추운 기온에서 잘 견디기 때문에, 사람에게 외풍으로 느껴지는 상태가 반드시 말에게도 외풍으로 느껴져 불편한 것은 아니다. 찬 기온과 외풍을 구별해서 관리해야 한다. 아주 차가운 공기도 마방에 유입될 수 있지만 마사내의 공기와 섞여 풍속이나 외풍의 한기를 잃게 해야 한다.

④ 마사의 공기 흐름

실내계획을 개방적이고 막힘이 없게 하여 실내로 신선한 공기가 유입되게 하고, 실내의 정체된 공기는 외부로 잘 빠져나가게 계획한다.

⑤ 적정 환기횟수는?

자연환기는 시간당 공기의 변화(ACH: air changes per hour)로 표기한다. 1 ACH는 마사내의 실내용적의 공기가 1시간에 모두 교체되는 양이다. 시간당 4~8회의 ACH가 적정하다. 곰팡이 포자형성을 방지하고, 결로를 최소화하고, 습도를 줄이고, 악취 및 암모니아의 축적을 방지하기 위한 최적 환기횟수이다.

⑥ 구조체 계획상 환기를 어떻게 고려해야 하는가?

마방의 환기는 측벽의 개구부를 통한 맞바람과 이 힘과 마사내 열의 상승기류를 용마루의 개구부를 이용하여 환기하는 시스템이다.

[개구부 기능 단면도]

2) 지붕 용어

환기시스템 설계 및 기능에 따라 다양한 지붕형태가 채택된다.

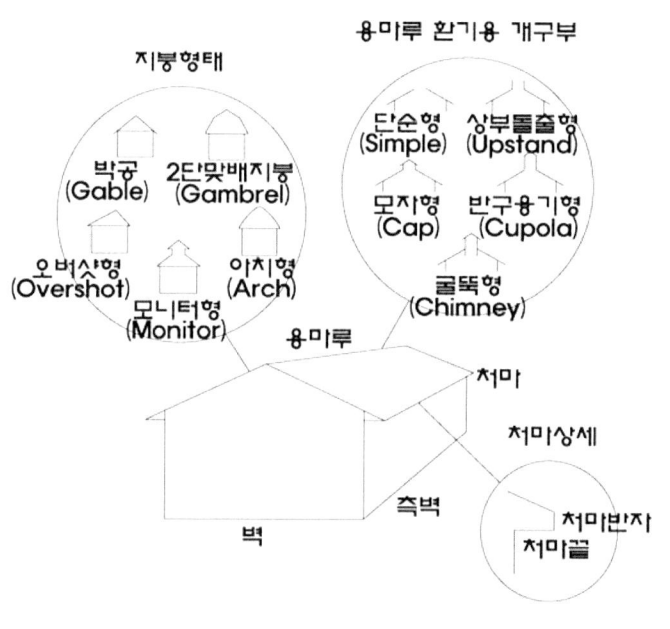

[지붕 형태별 건축 용어]

3) 중복도형 마방환기 계획

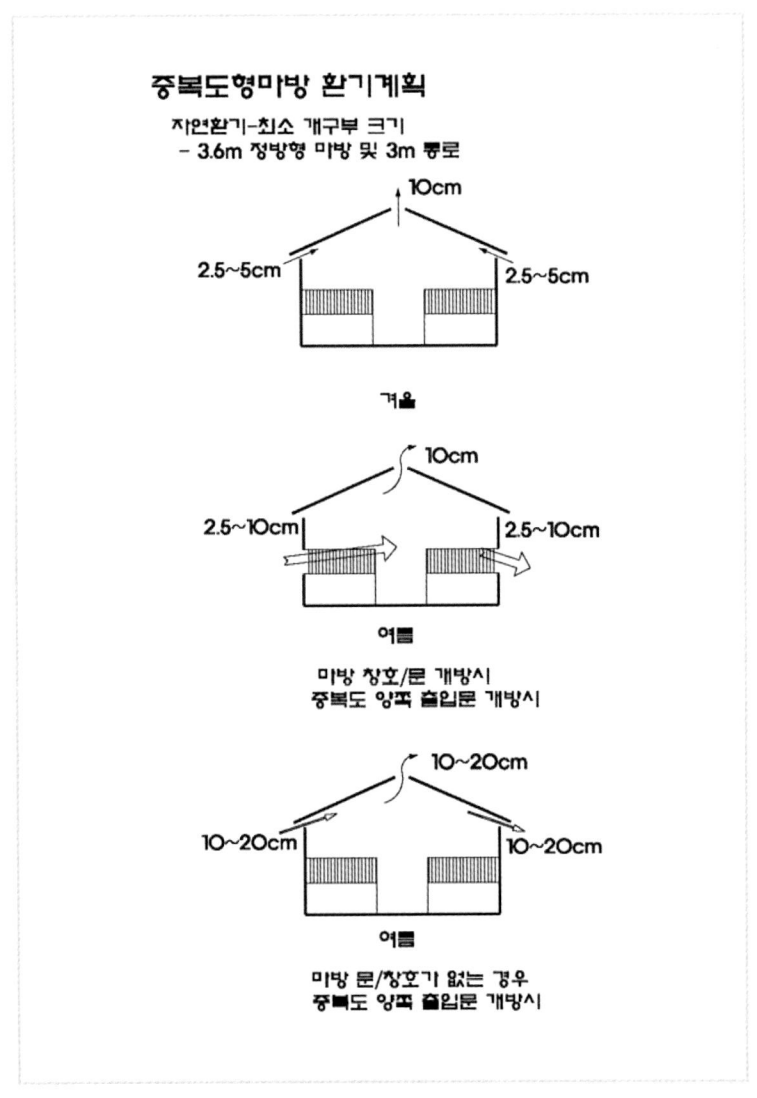

[중복도형 마방 환기]

4) 편복도형 마방 환기계획

편복도형마방 환기계획

자연환기-최소 개구부 크기
- 3.6m 정방형 마방 및 3m 통로

• 개방형 통로 설계 시

겨울

여름

마방 전면 창호/문을 개방시
마방 배면 창호를 개방시(선택사양)

통로 양쪽 출입문 개방시
마방 및 통로의 창문을 개방시

[편복도형 마방 환기]

5. 바닥 및 배수

[방목중인 말]

1) 마방 실내외 바닥 배수 흐름

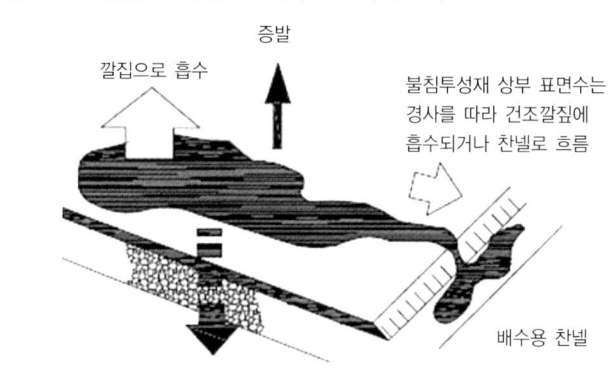

[배수개념도]

2) 바닥 그리드 설계 예

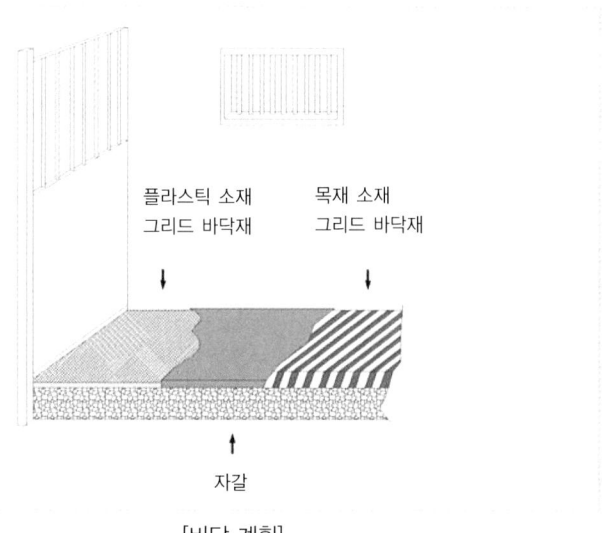

[바닥 계획]

6. 마분처리시설

1) 주요 특징 및 고려사항

① 건식으로 일정시간 보관 및 발효(1달 이내)
② 해충이 발생하지 않도록 덮개나 방역 또는 천적(곤충)을 이용
③ 침출수 별도 처리 구조
④ 외부 용역사와 계약
⑤ 열량 및 암모니아 가스 배출을 위한 통풍 구조

[승용말]

2) 마분 악취를 최소화 하기위한 목장 배치

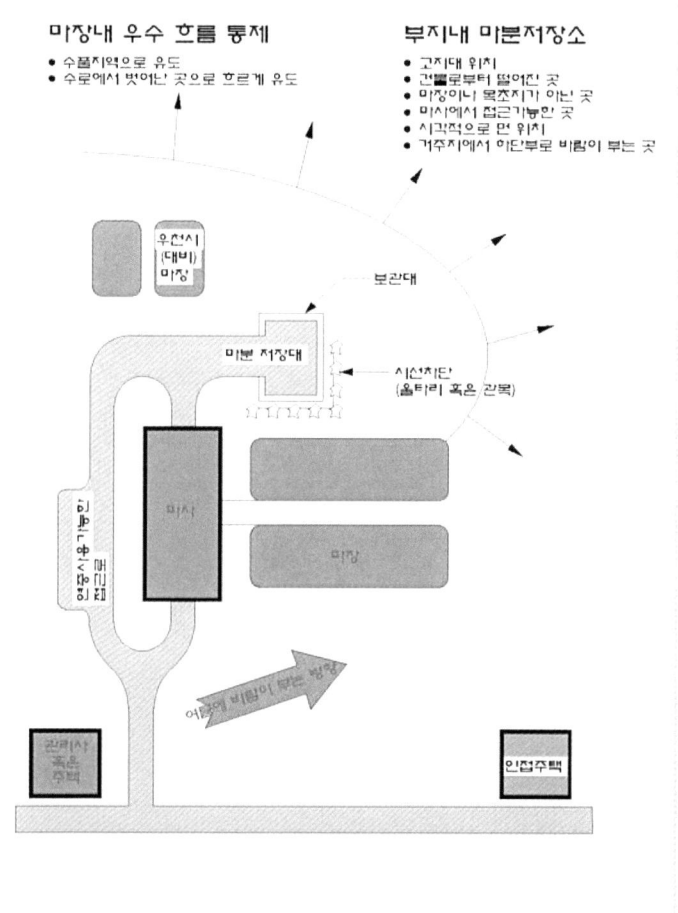

[마분 처리를 고려한 마장 배치]

3) 대량발생 마분을 마분저장소로 효율적으로 이송하게 설계

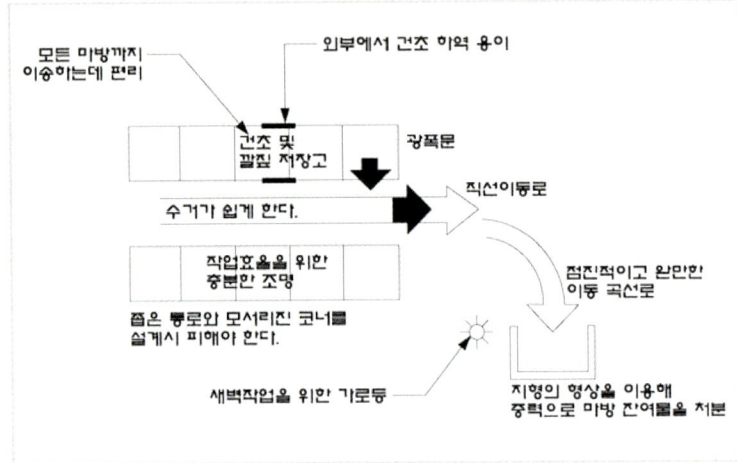

[마분처리 개념도]

[초지에 방목중인 말]

4) 간단한 마분 보관 방법(1면 벽체를 활용한 예)

상부 덮개로 침출수(effluent)의 유출을 방지한다.

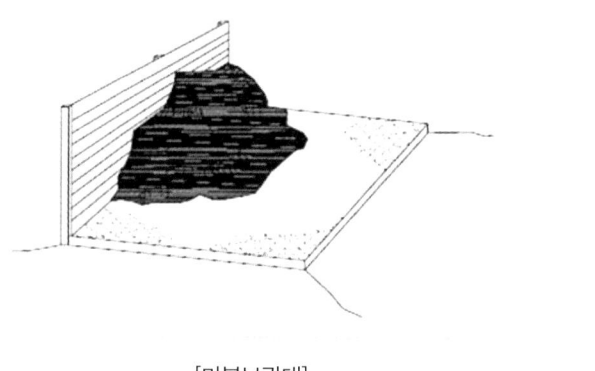

[마분보관대]

5) 마분보관대의 경사와 배수

마분 보관장이 우수대비설비가 되어있지 않을 경우 경사 및 배수용 거터설치가 필요하다. 침출수는 보관탱크나 처리시설로 바로 이송되게 설계한다.

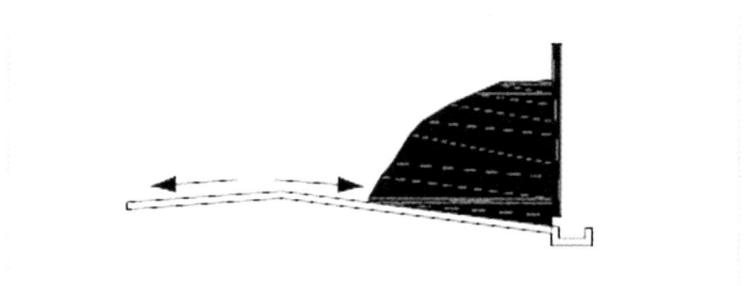

[보관대 경사]

6) 마분처리저장공간의 벽 설계

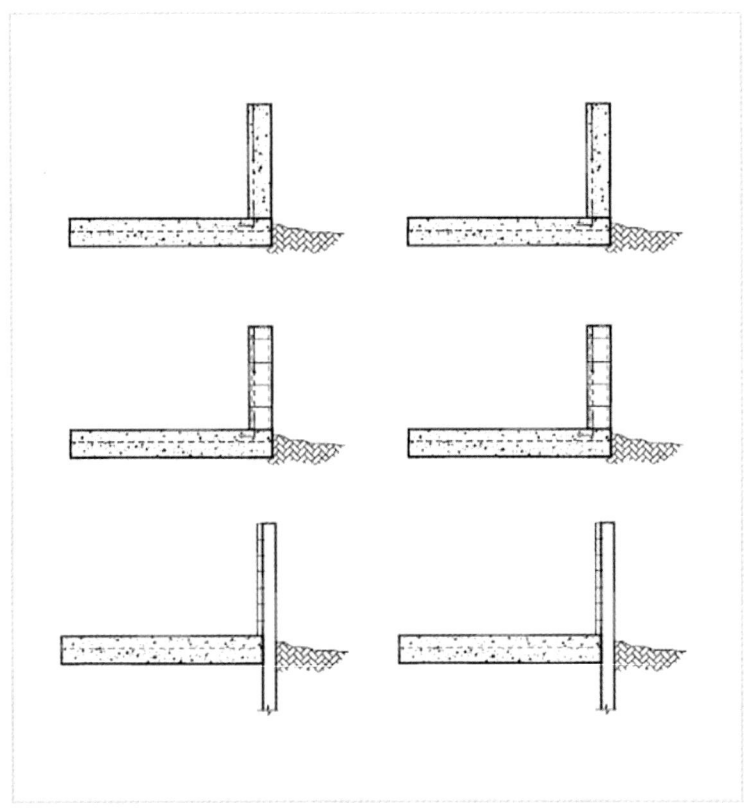

[구조설계]

7) 마분 보관컨테이너를 지형의 고저를 이용해 처분 및 관리를 용이한 설계

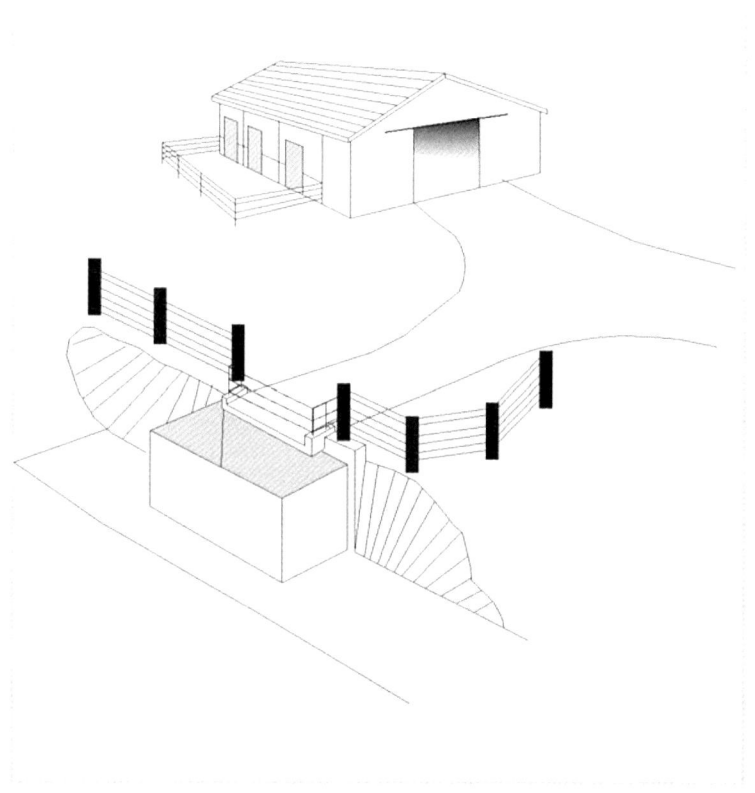

[마분처리장과 고저차]

7. 기타 계획요소

1) 사료창고

바닥이 침수되거나 습하지 않은 구조여야 하며, 건초 등은 잘 건조되도록 팔레트 등을 설치한다. 설치류의 침투를 막도록 배수구 등이 없어야 한다.

2) 톱밥창고

마사 지역의 외부 근거리 지역에 설치해야 하며, 침수가 되지 않도록 설계한다. 설치류 접근을 차단하는 구조여야 하며, 대형 톱밥트럭이 자유롭게 출입할 수 있어야 한다. 소형 로더 등이 움직이는 동선에 맞추어 설계한다.

3) 마구창고

[마구창고]

마구창고는 말의 장구와 관련된 물품을 체계적으로 보관하는 공간으로 습기가 들지 않는 공간에 설치한다. 헬멧, 부츠, 장갑, 각종 의류 등 기승자와 관련된 물품과 말과 관련된 안장, 재갈, 장구, 채찍, 박차, 등자 굴레, 물통, 여물통(여분) 등을 보관하는 창고로 정결하고 체계적으로 보관하여야 한다. 가죽 제품이 많은 장소이니 만큼 다습하지 않도록 환기가 잘 되는 구조로 한다.

제4장
보조시설

1. 클럽하우스

클럽하우스는 승마운동을 하는 사람이나 내방객이 입출입하는 거주 공간이다. 마구보관, 탈의, 샤워, 휴식, 교제, 식사, 담화 등 승마인 들의 활동 공간이다. 승마운동을 지원하는 허브 공간인 만큼 무엇보다 말이 마장에서 운동하는 모습을 항시 관찰할 수 있는 트인 시야가 확보되도록 대형 유리창을 설치한다. 또한 사람들이 출입 시 불편함이 없도록 클럽하우스를 배치하고 동선을 구성하여야 한다. 입출입 동선이 서로 혼선이 없는 명쾌한 동선계획이 중요하다. 운동중이나 운동을 마치고 클럽하우스로 들어올 때 승마부츠를 착용한 상태인데 벗고 다시 신기가 불편하므로 이를 고려하여 자주 들르는 화장실이나 휴게실 등은 부츠를 신은 채 드나들 수 있도록 계획한다. 바닥재는 내구성이 있고 청소가 용이하여야 한다. 클럽하우스에는 각 개인의 승마장비, 보조도구 기타 개인 사물 등을 독립적으로 보관할 수 있는 보관실을 두어 개인의 사물이 손실되지 않도록 계획한다. 클럽하우스는 무엇보다 승마운동 전후의 명랑한 분위기와 화기애애한 분위기가 유지 되어야 한다. 이러한 실내 공간은 개개인이 서로 만나 즐기는 유쾌한 사교 공간이 될 수 있도록 개성 있는 클럽하우스를 설계하고 쾌적하고 아늑한 인테리어를 한다. 공조계획을 잘 세워 혹한이나 혹서기에도 쾌적한 승마를 즐길 수 있도록 설비를 갖추어야 한다. 클럽하우스는 운영방식에 따라 사용인원 수가 달라지기 때문에 공간 계획, 평면 배치를 충분히 검토하여 하우스의 배치 및 동선이 잘 조화되도록 계획한다. 클럽하우스에는 탈의실, 샤워실, 화장실, 근무자 숙소, 사무실, 세미나실, 회의실, 휴식공간, 레스토랑, 대기실 등을 반영한다. 클럽하우스는 승마인구의 증가에 따른 실수요 변화를 미리 설계에 반영하는 것이 바람직하다.

[승용말]

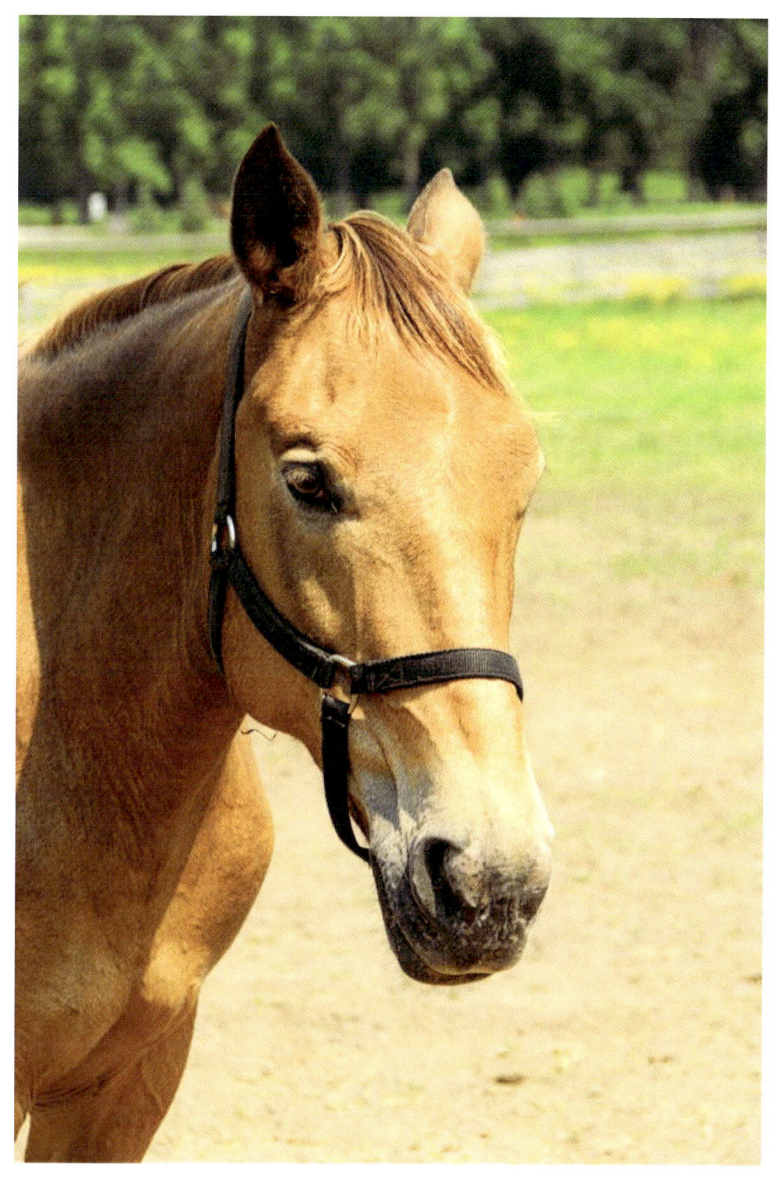
[승용말]

2. 관리실

　관리실은 승마장의 뇌(腦, Brain)와 같은 시설로 승마장 내외에서 일어나는 각종 행위를 종합 관리하는 컨트롤 타워이다. 승용 말의 사양(飼養) 및 보건관리, 직원 및 고객 관리, 승마운동자 및 내방객 관리, 승마장 시설물 및 기물 보안관리, 안전관리 등을 종합적으로 관리, 집행, 감독, 지휘, 통제하는 곳으로 각 마방이나 마사 운동장, 인근 도로 등에서 일어나는 모든 문제와 활동을 미연에 방지하며 또한 통제 제어할 수 있고 사후 대처할 수 있어야 한다. 실내에는 현황판을 설치하여 승마장에서 일어나는 일을 관리자들이 일목요연하게 파악할 수 있게 한다. 가능하면 많은 지역을 감시할 수 있도록 CCTV 카메라를 설치하고 기록한다. 특히 사람의 접근 감독이 소홀한 지역에는 필히 CCTV 카메라를 설치하여 잘 보이지 않는 사각지대에서 일어날 수 있는 예기치 못한 사태에 대비한다. 또한 승마장을 이용하는 고객들이 불편함이 없도록 예약-준비-지원-사후관리 등이 용이하도록 컴퓨터를 이용한 예약관리 시스템을 갖추어야 한다. 동호인이나 회원들이 운동을 즐기는데 필요한 개별 지원 사항 등을 DB화하여 고객관리(CRM)도 필요하다. 또한 관리실에는 혹시 일어날지 모르는 승마운동자의 예기치 못한 사고에 대비하여 구급의약품을 비치하여 응급처방을 조치할 수 있게 한다. 또한 마사는 화재에 민감한 만큼 자동경보 시스템을 갖춘다. 인근 병원 및 관공서, 전담 수의사 등과 긴밀한 비상연락체계를 갖추어 유사시 보고가 신속하게 이루어질 수 있도록 한다. 관리실은 클럽하우스 내에 두거나 별도의 건축물로 계획한다. 사무공간 및 숙직자를 위한 간이 취사 및 간이 수면이 가능한 실 등을 계획한다.

[승용말]

3. 간이 병동

 말은 초식동물로 생리학 및 해부학적으로 보면 상대적으로 작은 위용적, 대결장 변위용이, 후낭 등의 특징을 지니고 있다. 말의 건강체크 시 주로 점검하는 항목은 체온상태(발열), 식욕, 배변(설사, 변비), 피부(피모), 콧물, 기침, 파행, 마비, 통증, 섭식량 및 종류, 1일 음수량 등이 있다. 승마운동은 말과 같이 행동을 동시에 하기 때문에 혹시 예견되는 부상과 병에 대해서 신속히 처방할 수 있도록 간이 병실을 배치하는 것이 바람직하다. 전문 마의(馬醫)와 상담하여 말의 법정, 비법정 전염병, 다발 질병 등에 대한 약을 비치해둔다. 또한 말들이 갑자기 병을 일으키거나 말의 컨디션이 좋지 않을 경우 수의사나 직원에게 곧바로 연락될 수 있도록 비상 연락체계를 유지하여야 한다. 직원들이 어디서나 볼 수 있도록 응급처치 요령 및 내용을 방에 부착한다.

참고자료

구 분	질 병 명
제1종 가축전염병[2종]	• 아프리카 마역 • 수포성 구내염
제2종 가축전염병[11종]	• 말 전염성 빈혈, 말 바이러스성 동맥염 • 말 전염성 자궁염, 일본 뇌염, 마 비저, 구역, 탄저 서부/동부/베네쥬엘라 뇌척수염, 웨스턴나일열
비법정 전염병	• 선역, 말 비강폐염, 수라, 말 인플루엔자, 말 파이로플라즈마증, 기타

[방목중인 승용말]

4. 말 보행기실

　말 보행기실은 말의 보행 연습을 돕고 안전한 걸음걸이가 되도록 연습하는 말 전용 특수 보행기구를 설치한 건물이다. 말 보행기실은 혹서, 혹한 및 강우, 강설 등 악천후에 대비하는 전천후 구조물로 설계한다. 건물과 바닥은 침수가 되지 않는 구조로 설계한다. 보행기는 실내에 설치하는데 말이 보행연습 중 기계 압력이상이나 말에 의한 사고시 즉각 정지해야한다. 기계 가동은 적어도 3단계이상 속도 변화를 줄 수 있어야 한다. 또한 우천시 낙뢰를 방지할 수 있도록 낙뢰방지 시설이 반드시 설치되어야 한다. 환기 후드를 설치하고 지붕은 약 15도의 경사를 유지한다. 지붕재는 내수성이 강한 재료를 사용한다. 원동기는 중앙 상부에 설치하고 유도창살은 말이 상처를 입지 않도록 하여야 한다. 1회에 운동하는 말의 수는 충분한 여유 공간과 창살 칸막이 수 등을 고려하여 결정한다. 외부 벽체는 견고한 벽돌 등으로 마감한다.

[말 보행기실(Walking Machine Room)]

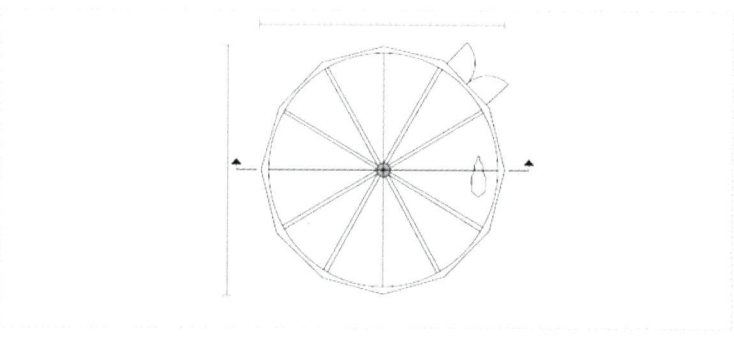

[평면]

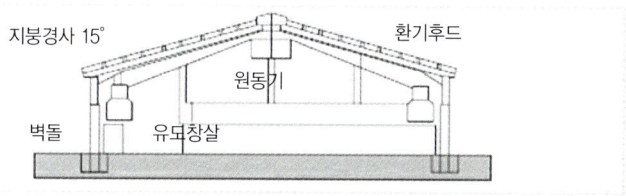

[단면]

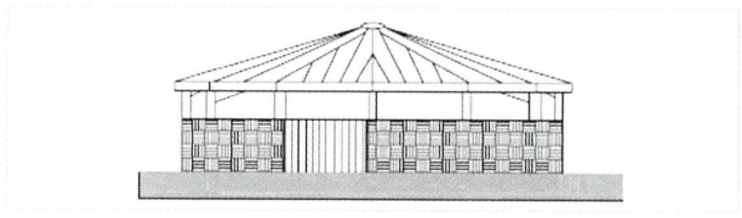

[입면]

5. 방목장

 목장에 마사(馬舍)와 울타리(운동장), 관리사 등을 구분하고 나면 방목장이나 목초생산(건초수확)을 위해 적당한 크기의 부지를 할당하여야 한다. 방목장의 크기는 마필의 수, 초지형태와 관리, 토양비옥도, 습기 등에 따라 변할 수 있다. 여름철 그늘을 이용할 나무가 없으면 인공적으로 망을 쳐서 만들어주고 깨끗한 물의 공급 또한 필수적이다.

 방목장은 말에게 위협이 되는 웅덩이 등이 없어야 하며 최소 1.2M 이상 높이의 울타리와 트랙터 등이 드나들 정도로 충분한 대문을 설치한다. 무엇보다 배수가 잘 되어야 하며 그늘막과 사료 급이 시설, 급수 시설(모래바닥은 금물)이 있어야 한다. 피난처(shelter)는 몇 마리의 말들이 함께 사용해도 복잡하지 않도록 충분히 크게 설치한다. 3곳 이상의 초지를 준비, 목초가 충분히 자라도록 윤환방목 시스템을 채택한다.

 말이 먹지 않는 너도밤나무(beech)와 개암나무(hazel) 또는 플라스틱 제품의 울타리를 사용한다.

[말들의 망중한]

[가족 승용말 타기]

제5장
승마장 배치계획의 실례

1. 승마장 배치계획의 실례

1) 승마장 배치계획

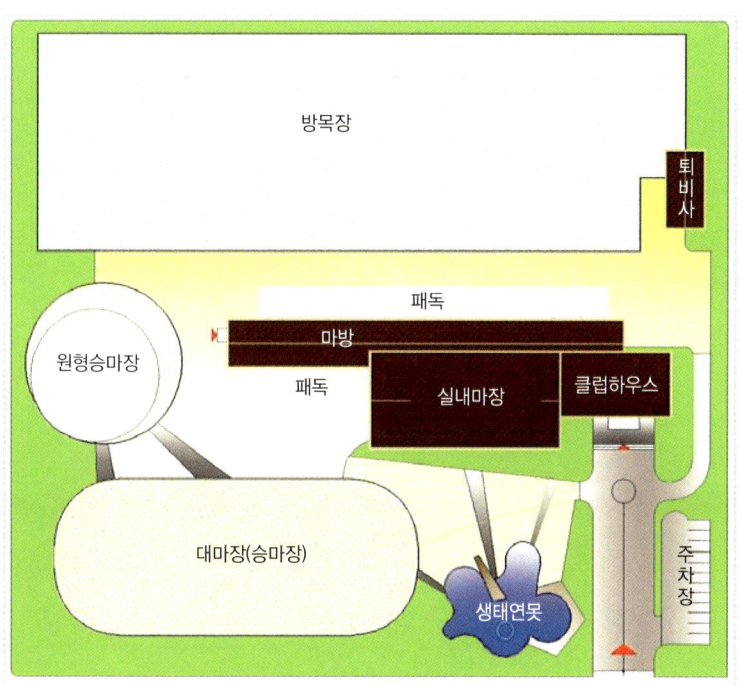

[승마장 배치계획 예]

2) 승마장 + 마방평면계획(마방 3.6m 모듈)

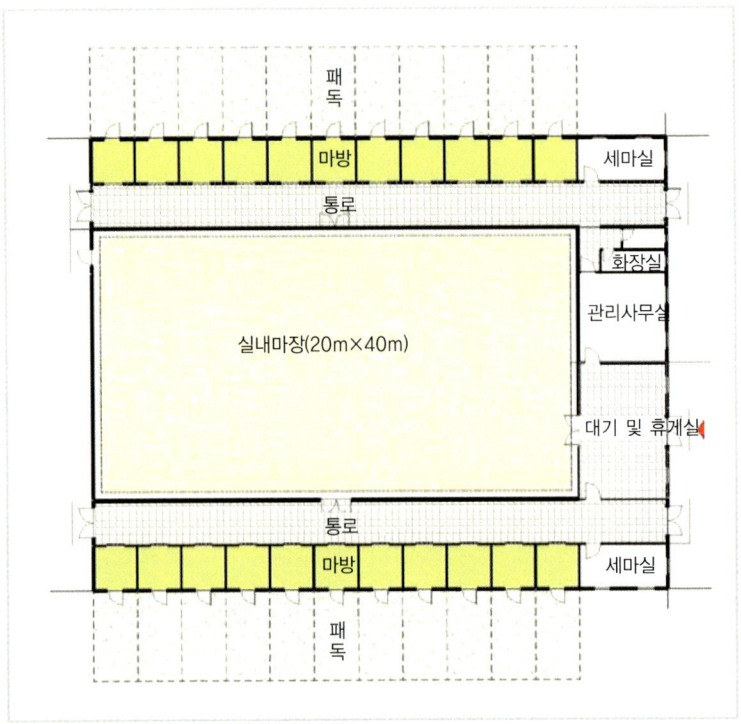

[평면 계획]

[입면 계획]

3) 승마장 + 마방평면계획(마방 3.6m 모듈)

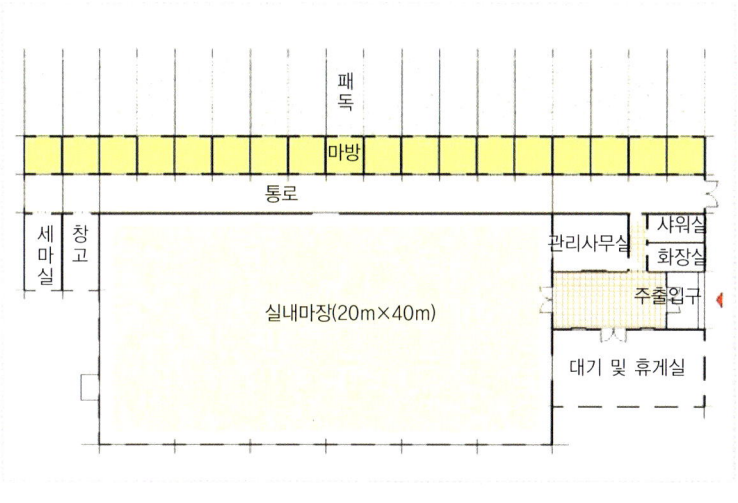

[평면 계획]

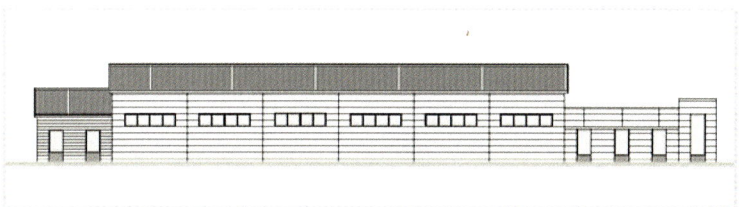

[입면 계획]

4) 승마경기장

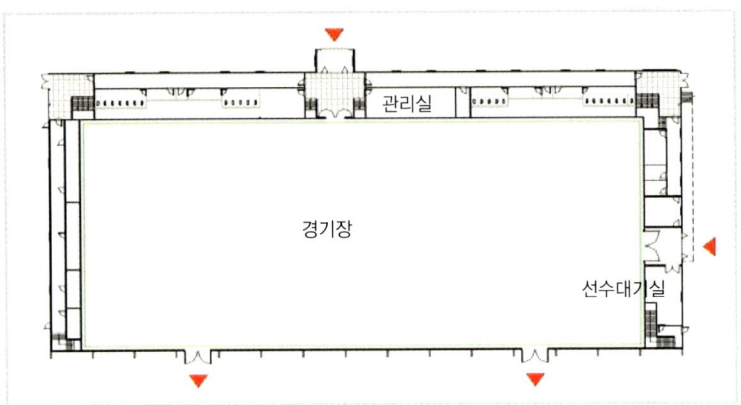

[1층 평면도]

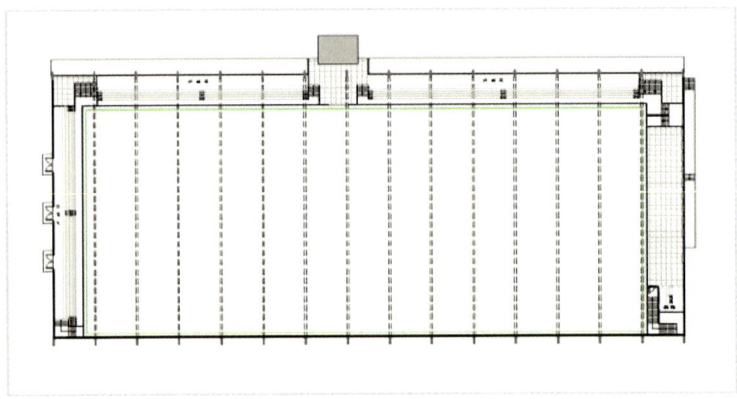

[2층 평면도]

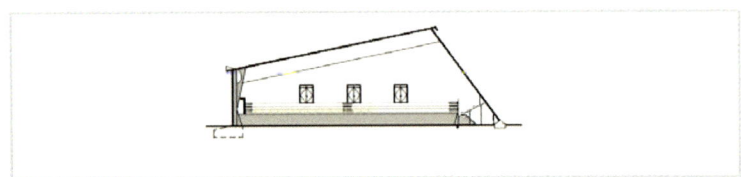

[단면도]

5) 마방 평면도

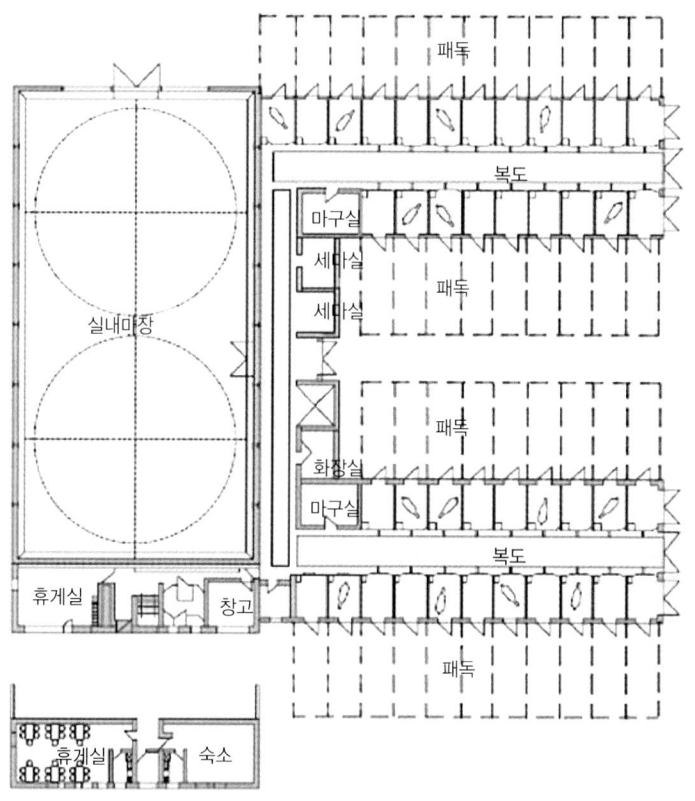

[마방 평면도]

6) 실내 마장마방 평면도

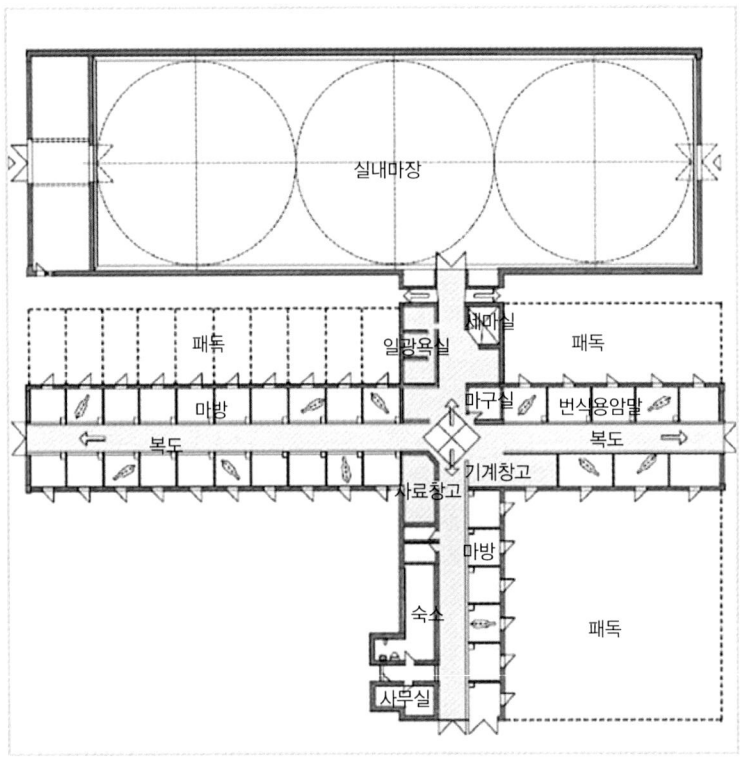

[마방 평면도]

7) 마방 승마장 평면도, 단면도

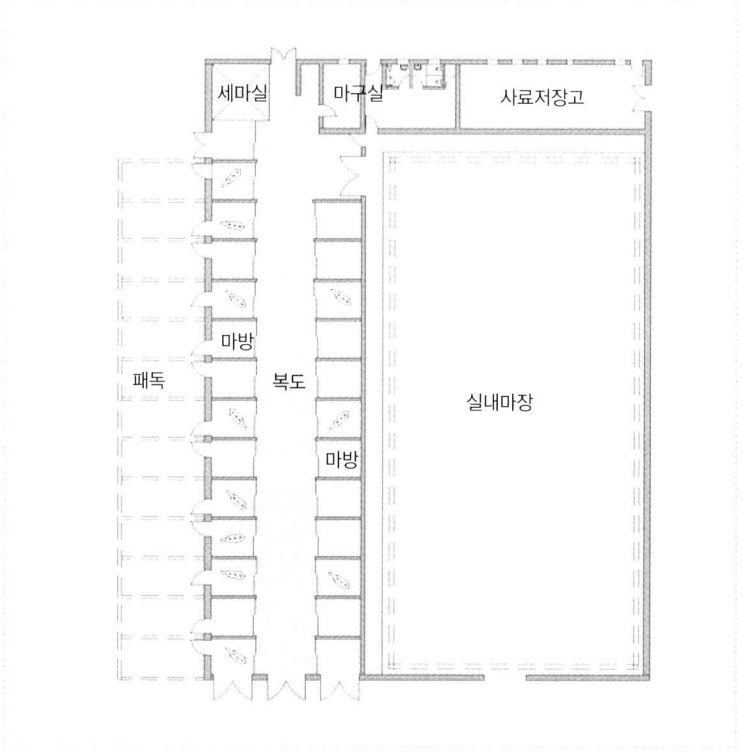

[마방·승마장 평면도]

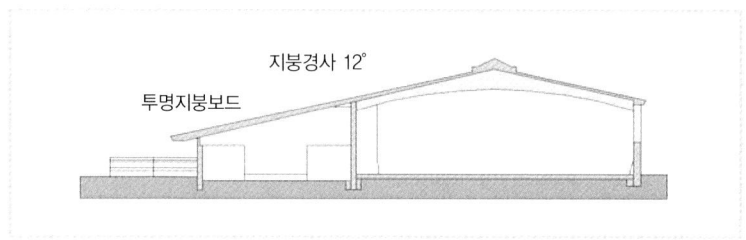

[마방·승마장 입면도]

부록

⊞DSK 추풍령 말사랑호스타운

DSK추풍령 말사랑호스타운

[DSK 말사랑호스타운 항공사진]

[DSK 말사랑호스타운 목장 전경]

[말사랑호스타운 분수대]

[말사랑호스타운 겨울 연못]

[관리사 1]

[관리사 2]

[마방 외부 전경]

[마방 실내 전경]

집필자 약력

김응교
성균관대 공학박사, 건축구조기술사
DSK Group CEO

이상명
스탠포드공대대학원, 건설경영학, 프로젝트 관리기술사
DSK Group 전략기획본부장

백인규
건국대학원 농학박사
DSK바이오텍 영농조합 말사랑호스타운 본부장

권해준
퀼른대학원 경제학박사 수료
DSK엔지니어링 기획 상무

전종원
연세대 공학석사, 건축시공기술사
DSK엔지니어링 토건사업본부장

이영일
계명대학교 건축학과
건축사/DSK종합건축설계사무소 소장

김준완
경원대학교 건축학과
건축사/DSK종합건축설계사무소 대표이사

김철순
경북대학교/미네소타주립대 수의학과 대학원
경상북도 말산업육성팀장